北大社普通高等教育"十三五"数字化建设规划教材

概率论与数理统计

主　编　杨艺芳　金海红　党林立
副主编　杜建丽　蔡浩江　郝上京

本书资源使用说明

内 容 简 介

本书介绍了概率论与数理统计的基本概念、基本理论与基本方法,内容包括概率论的基本概念、随机变量及其分布、多维随机变量及其分布、随机变量的数字特征、大数定律与中心极限定理、样本与抽样分布、参数估计、假设检验、回归分析与方差分析.本书每章均配有习题,书末附有习题参考答案.本书还配有二维码数字资源,对教材内容进行丰富和扩展,其中包括微课视频、动画视频、数学实验、课程思政、数学家小传、课堂测试以及每章的学习目标与知识结构,将课堂学习和在线学习进行有机的融合.

本书可作为高等学校非数学专业概率论与数理统计课程的教材,也可供工程技术人员参考.

图书在版编目(CIP)数据

概率论与数理统计/杨艺芳,金海红,党林立主编.

北京:北京大学出版社,2025.1.-- ISBN 978-7-301-35803-0

Ⅰ.O21

中国国家版本馆 CIP 数据核字第 20240XW786 号

书　　名	概率论与数理统计 GAILÜLUN YU SHULI TONGJI
著作责任者	杨艺芳　金海红　党林立　主编
责任编辑	赵晴雪　马敬钞
标准书号	ISBN 978-7-301-35803-0
出版发行	北京大学出版社
地　　址	北京市海淀区成府路 205 号　100871
网　　址	http://www.pup.cn
电子邮箱	zpup@pup.cn
新浪微博	@北京大学出版社
电　　话	邮购部 010-62752015　发行部 010-62750672　编辑部 010-62752021
印　刷　者	湖南汇龙印务有限公司
经　销　者	新华书店
	787 毫米×1092 毫米　16 开本　11.5 印张　277 千字 2025 年 1 月第 1 版　2025 年 1 月第 1 次印刷
定　　价	42.00 元

未经许可,不得以任何方式复制或抄袭本书之部分或全部内容.

版权所有,侵权必究

举报电话:010-62752024　电子邮箱:fd@pup.cn

图书如有印装质量问题,请与出版部联系,电话:010-62756370

概率论与数理统计是一门研究随机现象统计规律性的数学基础学科,是高等学校理工类和经管类各专业学生必修的一门重要基础课程,是大数据背景下数据处理的重要理论和方法.

近年来,随着高等教育改革的不断深入,作为数学基础课程之一的概率论与数理统计,面临着新的需求.党的二十大报告明确指出"教育、科技、人才是全面建设社会主义现代化国家的基础性、战略性支撑",强调要"加强基础学科、新兴学科、交叉学科建设,加快建设中国特色、世界一流的大学和优势学科".为了适应这一发展需要,编者结合多年的教学研究与实践经验,根据概率论与数理统计课程教学的基本要求,汲取众多教师的宝贵意见和建议,经过多次讨论和修改编写了本书.本书主要有以下几个特色:

1.精选应用案例,强化应用.在传统习题的基础上,增加了工程、经济、医疗、交通、管理等方面的应用案例,强化应用,让学生体会到课程的实用性,激发学生的学习兴趣,并通过这些应用案例帮助学生更好地理解和应用所学知识,提升学习效果.

2.构建知识结构,强化知识体系.鉴于版面及学时有限,本书通过二维码补充了每章的学习目标与知识结构.通过增加学习目标,使学生明确学习的方向,增强学习效果;通过挖掘知识的内在结构,将知识点归类、连接,构建知识结构,建立逻辑桥梁,以帮助学生更深入地理解每个知识点的来龙去脉,系统化和有条理地掌握课程内容,促进学生逻辑思维的发展.

3.增加数字资源,充实教材内容.本书通过二维码增加了微课视频、动画视频、数学实验、课程思政、数学家小传、课堂测试等数字资源,用以开阔学生的视野,培养学生的创新精神和实践能力,促进学生知识、能力和素质的协调发展与综合提高.

本书第1~4章、第7~8章和书后附表由杨艺芳编写,第5章由金海红编写,第6章由党林立编写,第9章和数学实验由蔡浩江编写,学习目标与知识结构由杜建丽编写,课后习题及习题参考答案由郝上京编写.付小军、邓之豪、周熵、苏娟提供了版式和装帧设计方案,在此一并表示衷心的感谢!

由于编者水平有限,书中难免有考虑不周及疏漏之处,敬请广大读者批评指正.

编　者

2024 年 4 月

第一章 概率论的基本概念 ⋯⋯ 1
- §1.1 随机事件与样本空间 ⋯⋯ 1
- §1.2 事件间的关系与运算 ⋯⋯ 3
- §1.3 概率的定义与性质 ⋯⋯ 5
- §1.4 古典概型与几何概型 ⋯⋯ 9
- §1.5 条件概率与乘法公式 ⋯⋯ 13
- §1.6 全概率公式与贝叶斯公式 ⋯⋯ 15
- §1.7 事件的独立性 ⋯⋯ 18
- 习题一 ⋯⋯ 21

第二章 随机变量及其分布 ⋯⋯ 23
- §2.1 随机变量及其分类 ⋯⋯ 23
- §2.2 离散型随机变量 ⋯⋯ 24
- §2.3 随机变量的分布函数 ⋯⋯ 29
- §2.4 连续型随机变量 ⋯⋯ 31
- §2.5 常用的连续型随机变量的分布 ⋯⋯ 35
- §2.6 随机变量函数的分布 ⋯⋯ 41
- 习题二 ⋯⋯ 45

第三章 多维随机变量及其分布 ⋯⋯ 48
- §3.1 二维随机变量及其联合分布函数 ⋯⋯ 48
- §3.2 二维离散型随机变量 ⋯⋯ 50
- §3.3 二维连续型随机变量 ⋯⋯ 53
- §3.4 随机变量的独立性 ⋯⋯ 59
- §3.5 二维随机变量函数的分布 ⋯⋯ 62
- §3.6 条件分布 ⋯⋯ 64
- 习题三 ⋯⋯ 67

第四章　随机变量的数字特征 …… 70
§4.1　数学期望 …… 70
§4.2　方差 …… 76
§4.3　协方差与相关系数 …… 80
§4.4　矩与协方差矩阵 …… 84
习题四 …… 85

第五章　大数定律与中心极限定理 …… 87
§5.1　大数定律 …… 87
§5.2　中心极限定理 …… 90
习题五 …… 93

第六章　样本与抽样分布 …… 94
§6.1　数理统计的基本概念 …… 94
§6.2　抽样分布 …… 96
习题六 …… 102

第七章　参数估计 …… 103
§7.1　点估计 …… 103
§7.2　估计量的评价标准 …… 110
§7.3　区间估计 …… 113
§7.4　正态总体均值与方差的区间估计 …… 114
习题七 …… 120

第八章　假设检验 …… 122
§8.1　假设检验的基本概念 …… 122
§8.2　单个正态总体均值与方差的假设检验 …… 124
§8.3　两个正态总体均值差与方差比的假设检验 …… 130
习题八 …… 134

第九章　回归分析与方差分析 …… 136
§9.1　一元线性回归 …… 136
§9.2　多元线性回归 …… 144
§9.3　单因素试验的方差分析 …… 146
习题九 …… 150

附表 ·· 151
    附表1 标准正态分布表 ·· 151
    附表2 泊松分布表 ·· 152
    附表3 t 分布表 ··· 154
    附表4 χ^2 分布表 ··· 155
    附表5 F 分布表 ·· 157
    附表6 相关系数检验表 ··· 169

习题参考答案 ·· 170

参考文献 ·· 176

第一章

概率论的基本概念

本章将介绍随机事件、概率、条件概率、事件的独立性这四个概率论中最基本的概念,并进一步讨论随机事件间的关系及其运算、概率的性质及其计算方法.

§1.1 随机事件与样本空间

学习目标与
知识结构

一、随机现象

在自然界与人类社会中,每天所发生的现象是各种各样的,它们通常可以分为两大类:一类是确定性现象,另一类是随机现象.

所谓**确定性现象**,是指在一定条件下必然发生的现象. 例如,向上抛一枚硬币必然下落;同性电荷必然相互排斥,异性电荷必然相互吸引;在一个标准大气压下,水加热到 100 ℃ 必然会沸腾;等等. 这类现象的特点是试验前可以预知其结果,其结果总是确定的.

所谓**随机现象**,是指在一定条件下可能发生也可能不发生的现象. 例如,在相同条件下向上抛同一枚硬币,其落地后可能正面朝上,也可能反面朝上;公司举行年会抽奖活动,员工可能中奖,也可能不中奖;从含有不合格品的一批产品中任意抽一件进行检验,所抽到的产品可能是合格品,也可能是不合格品. 这类现象的特点是试验之前无法预知确切的结果,其结果是随机的. 事实上,在个别试验中,这类现象的结果呈现出不确定性;但在大量重复试验中,其结果会呈现出一定的规律性,即随机现象的发生具有统计规律性. 概率论与数理统计就是研究随机现象统计规律性的一门数学学科.

二、随机试验

要发现随机现象的统计规律性,必须对随机现象进行深入试验和观测.
若一个试验具有以下 3 个特点:

(1) **重复性** 试验可以在相同条件下重复进行;

(2) **明确性** 试验的所有可能结果事先是明确可知的;

许宝騄

（3）**随机性** 试验前不能确定会出现哪一种结果.

则称该试验为**随机试验**,简称**试验**,通常用字母 $E,E_1,E_2,\cdots$ 表示.

下面列举几个简单的随机试验的例子.

> **例1** E_1:掷一颗骰子,观察出现的点数.
> **例2** E_2:将一枚硬币抛掷3次,观察正面(H)、反面(T)出现的情况.
> **例3** E_3:将一枚硬币抛掷3次,观察正面出现的次数.
> **例4** E_4:记录一天内进入某商场的人数.
> **例5** E_5:在一批灯泡中任取一只,测试它的寿命(t).
> **例6** E_6:在某城市中任选一人,测量其身高(H)和体重(W).

三、样本空间

随机试验 E 的所有可能的基本结果组成的集合称为 E 的**样本空间**,记作 $\Omega=\{\omega\}$,其中 Ω 中的元素 ω 表示基本结果,称为**样本点**.

在上面的例题中,随机试验的样本空间分别为

$E_1:\Omega_1=\{1,2,3,4,5,6\}$;

$E_2:\Omega_2=\{HHH,HHT,HTH,THH,HTT,THT,TTH,TTT\}$;

$E_3:\Omega_3=\{0,1,2,3\}$;

$E_4:\Omega_4=\{0,1,2,\cdots\}$;

$E_5:\Omega_5=\{t\mid t\geqslant 0\}$;

$E_6:\Omega_6=\{(H,W)\mid H>0,W>0\}$.

四、随机事件

随机试验 E 的样本空间的子集称为**随机事件**,简称**事件**,通常用字母 $A,B,C,\cdots$ 表示.

注 在一次试验中,若随机事件 A 中的某个样本点出现,则称事件 A 发生,否则称事件 A 不发生.例如,对例1中的掷骰子试验,设 A 表示"出现奇数点"这个事件,即 $A=\{1,3,5\}$,若试验结果为出现1,3,5点中的某一个,则称事件 A 发生,否则称事件 A 不发生.

关于随机事件,有以下几种常见情形:

(1) 仅含一个样本点的事件称为**基本事件**;

(2) 样本空间 Ω 是自身的一个子集,因而也是一个事件,它包含所有的样本点,在每次试验中必然发生,称 Ω 为**必然事件**;

(3) 空集 $\varnothing$ 也是样本空间 Ω 的一个子集,因而也是一个事件,它不包含任何一个样本点,在每次试验中必定不发生,称 $\varnothing$ 为**不可能事件**;

(4) 由若干个基本事件组合而成的事件称为**复合事件**,复合事件在一次试验中发生是指组成复合事件的某一个基本事件发生.

例 7 一口袋中装有编号分别为 $1,2,\cdots,10$ 的 10 个球,从袋中任取一球,观察取到的球的编号,则该试验的样本空间为
$$\Omega = \{1,2,\cdots,10\};$$
基本事件为
$$A_1=\{1\},\quad A_2=\{2\},\quad \cdots,\quad A_{10}=\{10\};$$
必然事件为 Ω;不可能事件为 $\varnothing$;复合事件有
$$B_1=\{1,3,5,7,9\},\quad B_2=\{2,4,6,8,10\},\quad B_3=\{1,4\},\quad \cdots.$$

§1.2 事件间的关系与运算

样本空间中有许多事件,分析研究这些事件间的关系和运算规律,有助于研究复杂的事件,这是学习概率论的基础.

事件是一个集合,因此事件间的关系和运算自然要按照集合论中集合间的关系和运算来处理.下面我们来讨论事件间的关系及运算.

一、事件的包含与相等

1. 事件的包含

若事件 A 的发生必然导致事件 B 的发生,则称事件 A **包含于**事件 B(或事件 B **包含**事件 A),记作 $A \subset B$(或 $B \supset A$).

2. 事件的相等

若两个事件 A 与 B 相互包含,即 $A \subset B$ 且 $B \subset A$,则称事件 A 与 B **相等**,记作 $A=B$.

二、事件的运算

1. 和事件

事件
$$A \cup B = \{x \mid x \in A \text{ 或 } x \in B\}$$
称为事件 A 与 B 的**和事件**.当事件 A 与 B 中至少有一个发生时,事件 $A \cup B$ 发生.$A \cup B$ 也记作 $A+B$.

类似地,事件 $\bigcup_{i=1}^{n} A_i$ 称为 n 个事件 $A_1,A_2,\cdots,A_n$ 的和事件,事件 $\bigcup_{i=1}^{\infty} A_i$ 称为可列无穷多个事件 $A_1,A_2,\cdots$ 的和事件.

2. 积事件

事件
$$A \cap B = \{x \mid x \in A \text{ 且 } x \in B\}$$
称为事件 A 与 B 的**积事件**.当事件 A 与 B 同时发生时,事件 $A \cap B$ 发生.$A \cap B$ 也记作 AB.

类似地,事件 $\bigcap_{i=1}^{n} A_i$ 称为 n 个事件 $A_1, A_2, \cdots, A_n$ 的积事件,事件 $\bigcap_{i=1}^{\infty} A_i$ 称为可列无穷多个事件 $A_1, A_2, \cdots$ 的积事件.

3. 差事件

事件
$$A - B = \{x \mid x \in A \text{ 且 } x \notin B\}$$
称为事件 A 与 B 的**差事件**. 当且仅当事件 A 发生而事件 B 不发生时,事件 $A - B$ 发生.

4. 互不相容事件

若事件 A 与 B 不能同时发生,即
$$AB = \varnothing,$$
则称事件 A 与 B 为**互不相容**(或**互斥**)事件.

5. 对立事件

若
$$AB = \varnothing, \quad \text{且} \quad A \cup B = \Omega,$$
则称事件 A 与 B 互为**对立事件**(或**逆事件**). 事件 A 的对立事件记作 $\overline{A}$,即 $\overline{A} = B$(或 $\overline{B} = A$).

6. 完备事件组

若事件组 $A_1, A_2, \cdots, A_n$ 满足:

(1) $A_1 \cup A_2 \cup \cdots \cup A_n = \Omega$;

(2) $A_i A_j = \varnothing \ (i \neq j; i, j = 1, 2, \cdots, n)$,

则称 $A_1, A_2, \cdots, A_n$ 为**完备事件组**.

以上事件间的关系及运算可以用维恩图来直观地描述,如图 1-1 所示.

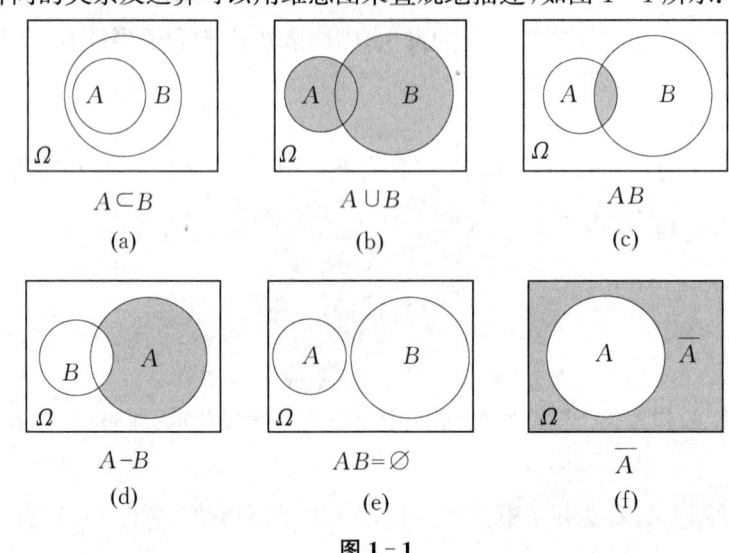

图 1-1

需要注意的是:

(1) 对立事件一定互不相容,而互不相容事件未必对立;

(2) $A - B = A - AB = A\overline{B}$;

(3) $\overline{A} = \Omega - A$.

三、事件的运算规律

事件的运算满足以下运算规律.
(1) **交换律** $A \cup B = B \cup A, AB = BA$.
(2) **结合律** $(A \cup B) \cup C = A \cup (B \cup C), (AB)C = A(BC)$.
(3) **分配律** $(A \cup B) \cap C = (AC) \cup (BC), (AB) \cup C = (A \cup C) \cap (B \cup C)$.
(4) **德摩根律** $\overline{A \cup B} = \overline{A}\,\overline{B}, \overline{AB} = \overline{A} \cup \overline{B}$.

以上运算规律除交换律外都可以推广到有限或可列无穷多个事件的情形.

> **例1** 设 A, B, C 表示任意 3 个事件,试用 A, B, C 的运算式表示下列事件:
> (1) A 发生,B 与 C 不发生;
> (2) A 与 B 发生,C 不发生;
> (3) A, B, C 恰有 2 个发生;
> (4) A, B, C 至少有 2 个发生;
> (5) A, B, C 至多有 2 个发生.
>
> **解** (1) $A\overline{B}\,\overline{C}$ 或 $A - B - C$.
> (2) $AB\overline{C}$.
> (3) $(AB\overline{C}) \cup (\overline{A}BC) \cup (A\overline{B}C)$.
> (4) $(AB) \cup (BC) \cup (AC)$ 或 $(AB\overline{C}) \cup (\overline{A}BC) \cup (A\overline{B}C) \cup (ABC)$.
> (5) $(\overline{A}\,\overline{B}\,\overline{C}) \cup (A\overline{B}\,\overline{C}) \cup (\overline{A}B\overline{C}) \cup (\overline{A}\,\overline{B}C) \cup (AB\overline{C}) \cup (\overline{A}BC) \cup (A\overline{B}C)$ 或 $\overline{ABC}$.

§1.3 概率的定义与性质

除必然事件和不可能事件外,任一随机事件在一次试验中可能发生,也可能不发生.在实际问题中,人们常常需要知道某个事件发生的可能性究竟有多大.为此,我们首先引入频率的概念,它描述了事件发生的频繁程度,然后引出表示事件在一次试验中发生的可能性大小的数——概率.

一、频率

> **定义 1.1** 在 n 次重复试验中,若事件 A 发生了 n_A 次,则称 $\dfrac{n_A}{n}$ 为事件 A 发生的**频率**,记作 $f_n(A)$,即

$$f_n(A) = \frac{n_A}{n}.$$

透过现象看本质：频率与概率

由定义 1.1 易见频率具有以下性质．

性质 1 $0 \leqslant f_n(A) \leqslant 1$．

性质 2 $f_n(\Omega) = 1$．

性质 3 若事件 $A_1, A_2, \cdots, A_m$ 两两互不相容，则

$$f_n\left(\bigcup_{i=1}^{m} A_i\right) = \sum_{i=1}^{m} f_n(A_i).$$

频率与概率

事件 A 发生的频率 $f_n(A)$ 可以表现 A 发生的频繁程度，频率越大，A 发生得就越频繁，这也意味着在一次试验中，A 发生的可能性也越大．反之亦然．人们自然会想到，是否可以用频率表示事件在一次试验中发生的可能性大小呢？先看下面的例子．

例 1 在抛硬币的试验中，将一枚均匀硬币抛掷不同次数，观察其正面出现的频率．历史上有不少学者做过抛硬币的试验，所得结果如表 1-1 所示．

表 1-1

试验者	抛硬币的次数 n	出现正面的次数 n_A	出现正面的频率 $f_n(A)$
德摩根	2 048	1 061	0.518 1
蒲丰	4 040	2 048	0.506 9
皮尔逊	12 000	6 019	0.501 6
皮尔逊	24 000	12 012	0.500 5
维尼	30 000	14 994	0.499 8

从表 1-1 中可以发现，出现正面的频率在 0.5 附近波动，并且抛硬币的次数越多，频率越接近 0.5．由此可见，当试验重复次数逐渐增大时，频率呈现出稳定性，逐渐稳定于 0.5，这种"稳定性"即通常所说的统计规律性．因此，我们在做大量重复试验的条件下，计算事件 A 发生的频率 $f_n(A)$，并用该频率来表示一次试验中事件 A 发生的可能性大小是合适的．下面我们给出概率的统计定义．

二、概率的统计定义

定义 1.2 在相同条件下重复 n 次试验，若当 n 很大时，事件 A 发生的频率 $f_n(A) = \dfrac{n_A}{n}$ 稳定地在某一常数 p 的附近摆动，则称 p 为事件 A 发生的**概率**，记作 $P(A)$，即 $P(A) = p$．

频率的稳定性

概率的统计定义肯定了随机事件发生的概率的存在，但该定义中常数 p 的值是未知的．在实际中，我们不可能对每一个事件都做大量的重复试验，然后求得该事件的频率，用以表征事件发生的概率．为了理论研究的需要，我们从频率的稳定性和性质中得到启发，给出概率的公理化定义．

三、概率的公理化定义

定义 1.3 设随机试验 E 的样本空间为 Ω，对于 E 中的每一个事件 A，赋予其一个实数，记作 $P(A)$，若 $P(A)$ 满足以下条件：

(1) **非负性** $P(A) \geqslant 0$；

(2) **规范性** $P(\Omega) = 1$；

(3) **可列可加性** 对于两两互不相容的可列无穷多个事件 $A_1, A_2, \cdots$，有

$$P\left(\bigcup_{n=1}^{\infty} A_n\right) = \sum_{n=1}^{\infty} P(A_n),$$

则称实数 $P(A)$ 为事件 A 发生的**概率**.

四、概率的性质

由概率的公理化定义，可以推出概率的一些性质.

性质 4 $P(\varnothing) = 0$.

证明 令 $A_i = \varnothing \ (i = 1, 2, \cdots)$，则

$$\bigcup_{i=1}^{\infty} A_i = \varnothing, \quad A_i A_j = \varnothing \quad (i \neq j; i, j = 1, 2, \cdots).$$

由概率的可列可加性得

$$P(\varnothing) = P\left(\bigcup_{i=1}^{\infty} A_i\right) = \sum_{i=1}^{\infty} P(A_i) = \sum_{i=1}^{\infty} P(\varnothing).$$

由概率的非负性知 $P(\varnothing) \geqslant 0$，故由上式知 $P(\varnothing) = 0$.

性质 5（有限可加性） 若事件 $A_1, A_2, \cdots, A_n$ 两两互不相容，则有

$$P(A_1 \cup A_2 \cup \cdots \cup A_n) = P(A_1) + P(A_2) + \cdots + P(A_n).$$

证明 令 $A_{n+1} = A_{n+2} = \cdots = \varnothing$，则

$$A_i A_j = \varnothing \quad (i \neq j; i, j = 1, 2, \cdots),$$

由可列可加性得

$$P(A_1 \cup A_2 \cup \cdots \cup A_n) = P\left(\bigcup_{i=1}^{\infty} A_i\right) = \sum_{i=1}^{\infty} P(A_i) = \sum_{i=1}^{n} P(A_i) + 0$$

$$= P(A_1) + P(A_2) + \cdots + P(A_n).$$

性质 6（减法公式） 设 A, B 为任意两个事件，则

$$P(A - B) = P(A) - P(AB).$$

证明 因

$$A = A\Omega = A(B \cup \overline{B}) = (AB) \cup (A\overline{B}),$$

且 AB 与 $A\overline{B}$ 互不相容，故

$$P(A) = P((AB) \cup (A\overline{B})) = P(AB) + P(A\overline{B}) = P(AB) + P(A - B),$$

即

$$P(A - B) = P(A) - P(AB).$$

特别地,若 $B \subset A$,则 $P(A-B)=P(A)-P(B)$.

性质 7(单调性) 若 $B \subset A$,则 $P(B) \leqslant P(A)$.

证明 因 $B \subset A$,故
$$P(A-B)=P(A)-P(B).$$
而 $P(A-B) \geqslant 0$,故
$$P(A)-P(B) \geqslant 0, \quad 即 \quad P(B) \leqslant P(A).$$

性质 8(对立事件的概率) 对于任意事件 A,有
$$P(\overline{A})=1-P(A).$$

证明 因为
$$A \cup \overline{A}=\Omega, \quad A\overline{A}=\varnothing,$$
所以由有限可加性得
$$1=P(\Omega)=P(A \cup \overline{A})=P(A)+P(\overline{A}),$$
即 $P(\overline{A})=1-P(A)$.

性质 9(加法公式) 对于任意两个事件 A 与 B,有
$$P(A \cup B)=P(A)+P(B)-P(AB).$$

证明 因为
$$A \cup B = A \cup (B-AB), \quad 且 \quad A \cap (B-AB)=\varnothing,$$
所以由性质 5 及性质 6,有
$$P(A \cup B)=P(A \cup (B-AB))=P(A)+P(B-AB)$$
$$=P(A)+P(B)-P(AB).$$

加法公式可以推广到多个事件的情形. 例如,对于任意三个事件 A,B,C,有
$$P(A \cup B \cup C)=P(A)+P(B)+P(C)-P(AB)-P(BC)-P(AC)+P(ABC).$$
一般地,对于任意 n 个事件 $A_1, A_2, \cdots, A_n$,有
$$P\left(\bigcup_{i=1}^{n} A_i\right)=\sum_{i=1}^{n} P(A_i)-\sum_{1 \leqslant i<j \leqslant n} P(A_i A_j)+\sum_{1 \leqslant i<j<k \leqslant n} P(A_i A_j A_k)$$
$$-\cdots+(-1)^{n-1} P(A_1 A_2 \cdots A_n).$$

例 2 设 A,B 为两个事件,且 $P(A)=0.5, P(B)=0.3, P(AB)=0.1$,求:
(1) A 发生但 B 不发生的概率;
(2) A 不发生但 B 发生的概率;
(3) A,B 至少有一个发生的概率;
(4) A,B 都不发生的概率;
(5) A,B 至少有一个不发生的概率.

解 (1) A 发生但 B 不发生的概率为
$$P(A\overline{B})=P(A-AB)=P(A)-P(AB)=0.5-0.1=0.4.$$
(2) A 不发生但 B 发生的概率为

$$P(A\overline{B})=P(B\overline{A})=P(B-AB)=P(B)-P(AB)=0.3-0.1=0.2.$$

(3) A,B 至少有一个发生的概率为
$$P(A\cup B)=P(A)+P(B)-P(AB)=0.5+0.3-0.1=0.7.$$

(4) A,B 都不发生的概率为
$$P(\overline{A}\,\overline{B})=P(\overline{A\cup B})=1-P(A\cup B)=1-0.7=0.3.$$

(5) A,B 至少有一个不发生的概率为
$$P(\overline{A}\cup \overline{B})=P(\overline{AB})=1-P(AB)=1-0.1=0.9.$$

§1.4 古典概型与几何概型

对于一些特殊类型的随机试验,要确定事件的概率,并不需要做重复试验,而可以根据人类长期积累的关于"对称性"的实际经验,提出数学模型,进而直接计算出来. 这类试验称为**等可能概型**. 根据试验的样本点是有限多个还是无限多个,等可能概型又分为古典概型和几何概型.

一、古典概型

定义 1.4 若随机试验具有以下特点:
(1) 试验的样本空间中只包含有限多个样本点;
(2) 试验中每个基本事件发生的可能性相同,
则称该试验为**古典概型**.

古典概型中事件 A 发生的概率 $P(A)$ 的计算公式为
$$P(A)=\frac{A \text{ 中包含样本点的个数}}{\Omega \text{ 中包含样本点的个数}}. \tag{1-1}$$

例 1 将一枚硬币抛掷 3 次,求:
(1) 3 次都出现正面的概率;
(2) 恰好有 1 次出现正面的概率;
(3) 至少有 2 次出现正面的概率.

解 设事件 A 表示"3 次都出现正面",事件 B 表示"恰好有 1 次出现正面",事件 C 表示"至少有 2 次出现正面". 用 H 表示正面,用 T 表示反面,则样本空间为
$$\Omega=\{TTT,TTH,THT,HTT,THH,HTH,HHT,HHH\},$$
而
$$A=\{HHH\},\quad B=\{TTH,THT,HTT\},\quad C=\{THH,HTH,HHT,HHH\}.$$

因 Ω 中包含的样本点是有限多个,且每个基本事件发生的可能性相同,故由式(1-1)得

(1) $P(A) = \dfrac{1}{8}$.

(2) $P(B) = \dfrac{3}{8}$.

(3) $P(C) = \dfrac{4}{8} = \dfrac{1}{2}$.

例 2 （随机抽样问题）设有 N 件产品,其中有 M 件次品,从中不放回地抽取 $n(n \leqslant N)$ 件产品,求其中恰有 $k(k \leqslant M)$ 件次品的概率.

解 设事件 A 表示"其中恰有 k 件次品".

对于样本空间,从 N 件产品中任意抽取 n 件,共有 C_N^n 种取法,每一种取法对应一个样本点,故样本空间中样本点的总数为 C_N^n. 对于事件 A,先从 M 件次品中取出 k 件,共有 C_M^k 种取法,再从 $N-M$ 件正品中取出 $n-k$ 件,共有 C_{N-M}^{n-k} 种取法,那么根据乘法原理,共有 $C_M^k C_{N-M}^{n-k}$ 种取法,即事件 A 中包含样本点的个数为 $C_M^k C_{N-M}^{n-k}$. 综上,由式(1-1)得

$$P(A) = \dfrac{C_M^k C_{N-M}^{n-k}}{C_N^n}. \qquad (1-2)$$

式(1-2)即所谓的**超几何分布**的概率公式,该公式是产品抽样检查中常用的公式之一.

例 3 （抽签问题）一袋中有 a 支红签,b 支白签,它们除颜色外无其他差别. 现有 $n(n \leqslant a+b)$ 个人无放回地依次去抽取一支签,求第 $k(i=1,2,\cdots,n)$ 个人抽到红签的概率.

解 设事件 B 表示"第 k 个人抽到红签".

对于样本空间,n 个人无放回地每人抽取一支签,共有

$$(a+b)(a+b-1)\cdots(a+b-n+1)$$

种取法,每一种取法对应一个样本点,即样本空间中包含的样本总数为 $(a+b)(a+b-1)\cdots(a+b-n+1) = A_{a+b}^n$. 对于事件 B,第 k 个人抽到红签,它可以是 a 支红签中的任意一支,有 a 种取法,其余 $n-1$ 支签可以是 $a+b-1$ 支签中的任意一支,共有

$$(a+b-1)(a+b-2)\cdots[a+b-1-(n-1)+1] = A_{a+b-1}^{n-1}$$

种取法,那么根据乘法原理,共有 $a A_{a+b-1}^{n-1}$ 种取法,即事件 B 中包含 $a A_{a+b-1}^{n-1}$ 个样本点. 综上,由式(1-1)得

$$P(B) = \dfrac{a A_{a+b-1}^{n-1}}{A_{a+b}^n} = \dfrac{a}{a+b}.$$

值得注意的是,$P(B)$ 与 k 无关,即每个人抽到红签的概率与抽签的先后次序无关,只与红签所占的比率 $\dfrac{a}{a+b}$ 有关,并且每个人抽到红签的概率是一样的,即每个人机会相同,这说明日常抽签或抓阄的方法是公平的.

例4 (放球问题)将 n 个不同的球随机放入 $N(n \leqslant N)$ 个不同的盒子中,每个盒子所放球数不限,求:

(1) 指定的 n 个盒子中各有一球的概率;

(2) 恰好有 n 个盒子中各有一球的概率.

解 (1) 设事件 A 表示"指定的 n 个盒子中各有一球".

对于样本空间,将 n 个不同的球随机放入 N 个不同的盒子中,因每一个球都可放入 N 个盒子中的任意一个,故共有 N^n 种放法,即样本空间中共有 N^n 个样本点. 对于事件 A,指定的 n 个盒子中各有一球的放法共有 $n!$ 种,即事件 A 中包含 $n!$ 个样本点. 综上,由式(1-1)得

$$P(A) = \frac{n!}{N^n}.$$

(2) 设事件 B 表示"恰好有 n 个盒子中各有一球".

对于样本空间,样本空间中共有 N^n 个样本点. 对于事件 B,由于 n 个盒子可以从 N 个盒子里任选,共有 C_N^n 种选法,在选定的 n 个盒子中各放一球,共有 $n!$ 种放法,因此由乘法原理知,恰好有 n 个盒子中各有一球的放法共有 $C_N^n n!$ 种,即事件 B 中包含 $C_N^n n!$ 个样本点. 综上,由式(1-1)得

$$P(B) = \frac{C_N^n n!}{N^n}.$$

注 现实生活中有很多问题与例4具有相同的数学模型,如分房问题、生日问题等.

例5 (生日问题)某班有 $n(n \leqslant 100)$ 个学生,设每个学生的生日在一年365天中任一天的可能性是相等的,求该班至少有2个学生生日相同的概率.

解 设事件 B 表示"n 个学生中至少有2个学生生日相同",则事件 $\bar{B}$ 表示"n 个学生的生日各不相同". 故

$$P(B) = 1 - P(\bar{B}) = 1 - \frac{A_{365}^n}{365^n}.$$

对于不同的 n,可以计算出以下结果(见表1-2).

表1-2

n	20	30	40	50	60	70
$P(B)$	0.411	0.706	0.891	0.970	0.994	0.999

从表1-2中可以看出,当全班有70个学生时,有99.9%的把握保证该班至少有2个学生生日相同.

二、几何概型

古典概型要求试验的样本空间中含有有限多个样本点,而在实际问题中,有些试验的样本空间中包含无限多个样本点,此时就不能用古典概型来计算,而要借助几何概型来计算. 下面我们给出几何概型的定义.

定义 1.5 若随机试验具有以下特点:
(1) 试验的样本空间 Ω 中包含无限多个样本点,其中 Ω 是一个可度量的几何图形;
(2) 试验中每个基本事件发生的可能性相同,

则称该试验为**几何概型**.

设事件 A 表示"点落在区域 A 内", $m(A)$, $m(\Omega)$ 分别表示区域 A 和 Ω 的度量,则

$$P(A) = \frac{m(A)}{m(\Omega)}. \qquad (1-3)$$

当 Ω 是区间时, $m(A)$ 和 $m(\Omega)$ 分别表示相应的长度;当 Ω 是平面或空间区域时, $m(A)$ 和 $m(\Omega)$ 分别表示相应的面积或体积.

例 6 (**石油勘探**)假定在一个面积为 5×10^4 km^2 的海域里,有表面积达 40 km^2 的大陆架(表面视为水平面)储藏着石油. 如果在这片海域中随机选定一点进行钻探,问:钻探到石油的概率是多少?

解 由于选点的随机性,可认为该海域中的各点被选中是等可能的,因此该试验为几何概型. 试验的样本空间 Ω 就是面积为 5×10^4 km^2 的平面区域. 设事件 A 表示"钻探到石油",则当随机点选在储油区域 A(其面积为 40 km^2)中的任意一点时,事件 A 发生. 故由式(1-3)得

$$P(A) = \frac{m(A)}{m(\Omega)} = \frac{A \text{ 的面积}}{\Omega \text{ 的面积}} = \frac{40}{5 \times 10^4} = \frac{1}{1\,250}.$$

例 7 (**会面问题**)甲、乙两人相约下午 2 点至 3 点在预定地点会面,先到的人要等候另一个人 20 min 后方可离开,求甲、乙两人能会面的概率(假定他们在 2 点至 3 点之间的任意时刻到达预定地点的可能性是相等的).

解 设甲、乙两人在下午 2 点后分别经过时间 x, y(单位:min)到达预定地点,由题意可知, x 和 y 均在 $[0, 60]$ 上等可能取值,即 (x, y) 是平面区域 $\{(x, y) \mid 0 \leqslant x \leqslant 60, 0 \leqslant y \leqslant 60\}$ 上的任意一点,也即样本空间为 $\Omega = \{(x, y) \mid 0 \leqslant x \leqslant 60, 0 \leqslant y \leqslant 60\}$. 设事件 A 表示"两人能会面",依题意可知,事件 A 发生的充要条件是 $|x - y| \leqslant 20$,即导致 A 发生的样本点是区域 $A = \{(x, y) \mid |x - y| \leqslant 20\}$(见图 1-2 中阴影部分)上的任意一点. 故由式(1-3)得

$$P(A) = \frac{m(A)}{m(\Omega)} = \frac{A \text{ 的面积}}{\Omega \text{ 的面积}} = \frac{60^2 - 40^2}{60^2} = \frac{5}{9}.$$

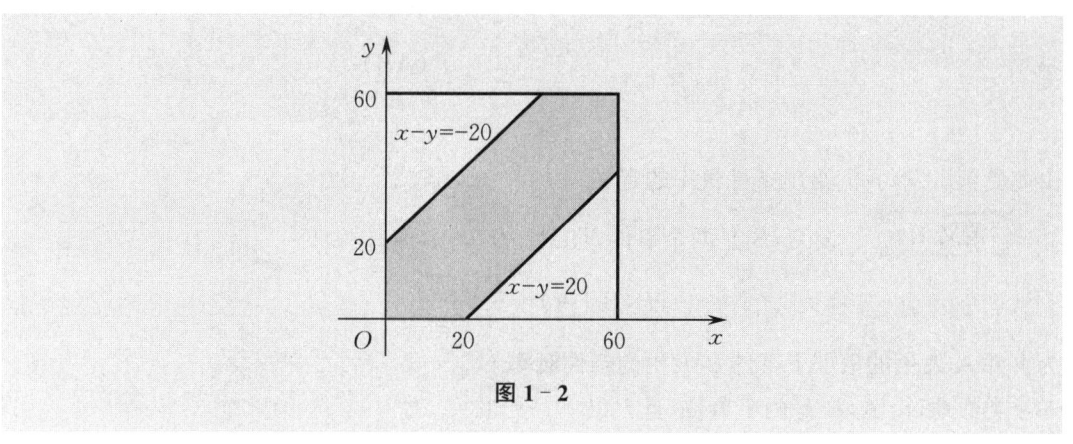

图 1-2

§1.5 条件概率与乘法公式

一、条件概率

在解决许多概率问题时,往往需要在某些附加条件下求事件发生的概率,如"在事件 A 发生的条件下,求事件 B 发生的概率",下面我们来讨论这类有附加条件的概率问题. 先来看一个例子.

引例 将一枚硬币抛掷两次,观察其正面(H)、反面(T)出现的情况. 设事件 A 表示"至少有一次为正面",事件 B 表示"两次掷出同一面",在事件 A 发生的条件下,求事件 B 发生的概率.

解 依题意有
$$\Omega = \{HH, HT, TH, TT\}, \quad A = \{HH, HT, TH\},$$
$$B = \{HH, TT\}, \quad AB = \{HH\},$$
则显然
$$P(A) = \frac{3}{4}, \quad P(B) = \frac{2}{4} = \frac{1}{2}, \quad P(AB) = \frac{1}{4}.$$
已知事件 A 已经发生了,则此时的样本空间应变为 A,而事件 B 中有 1 个样本点属于 A. 记事件 A 发生的条件下事件 B 发生的概率为 $P(B \mid A)$,则
$$P(B \mid A) = \frac{1}{3}.$$

我们可以看到,$P(B \mid A) \neq P(B)$,这说明事件 A 的发生影响了事件 B 的发生. 另外,我们容易发现

$$P(B\mid A)=\frac{1}{3}=\frac{\frac{1}{4}}{\frac{3}{4}}=\frac{P(AB)}{P(A)}.$$

由此受到启发,我们给出条件概率的定义.

定义 1.6 设 A,B 是两个事件,且 $P(A)>0$,称

$$P(B\mid A)=\frac{P(AB)}{P(A)} \tag{1-4}$$

为事件 A 发生的条件下事件 B 发生的**条件概率**.

类似地,设 A,B 是两个事件,且 $P(B)>0$,称

$$P(A\mid B)=\frac{P(AB)}{P(B)} \tag{1-5}$$

为事件 B 发生的条件下事件 A 发生的**条件概率**.

不难验证,条件概率符合概率的公理化定义中的 3 个条件,即

(1) **非负性** 对于任意事件 B,有 $P(B\mid A)\geqslant 0$;

(2) **规范性** 对于必然事件 Ω,有 $P(\Omega\mid A)=1$;

(3) **可列可加性** 设 $B_1,B_2,\cdots$ 是两两互不相容的可列无穷多个事件,则有

$$P\left(\bigcup_{i=1}^{\infty}B_i\,\Big|\,A\right)=\sum_{i=1}^{\infty}P(B_i\mid A).$$

由此可知,概率所具有的性质,条件概率也具有.

例 1 据气象资料显示,某地 9 月份天气阴天的概率为 $\frac{3}{10}$,天气阴天又有雨的概率为 $\frac{4}{15}$,问:天气阴天与有雨有无密切关系?

解 设事件 A 表示"天气阴天",事件 B 表示"天气有雨",则

$$P(A)=\frac{3}{10},\quad P(AB)=\frac{4}{15}.$$

由条件概率的定义,得

$$P(B\mid A)=\frac{P(AB)}{P(A)}=\frac{8}{9}\approx 0.89.$$

计算结果表明,在一般情况下,该地天气阴天时有雨的可能性较大,接近 90%.

二、乘法公式

由条件概率的定义,立即可得以下**乘法公式**:

$$P(AB)=P(A)P(B\mid A)\quad (P(A)>0). \tag{1-6}$$

乘法公式可推广到多个事件的情形.设 A,B,C 是 3 个事件,且 $P(AB)>0$,则

$$P(ABC) = P(A)P(B \mid A)P(C \mid AB). \tag{1-7}$$

设 $A_1, A_2, \cdots, A_n$ 为 n 个事件,且 $P(A_1 A_2 \cdots A_{n-1}) > 0$,则

$$P(A_1 A_2 \cdots A_n) = P(A_1) P(A_2 \mid A_1) P(A_3 \mid A_1 A_2) \cdots P(A_n \mid A_1 A_2 \cdots A_{n-1}).$$

$$\tag{1-8}$$

例 2 一批产品共 100 件,其中有 10 件是次品,其余为正品. 采用不放回抽样随机抽取 3 次,每次抽取一件产品,求第 3 次才抽到正品的概率.

解 设事件 A_i 表示"第 i 次抽到的是正品"$(i=1,2,3)$,则第 3 次才抽到正品的概率为

$$P(\overline{A_1}\overline{A_2}A_3) = P(\overline{A_1})P(\overline{A_2} \mid \overline{A_1})P(A_3 \mid \overline{A_1}\overline{A_2}) = \frac{10}{100} \cdot \frac{9}{99} \cdot \frac{90}{98} \approx 0.0083.$$

例 3 一袋中有 10 个球,其中有 9 个白球,1 个黑球. 现有 10 个人依次从袋中取出一球,取后不放回,求第 $k(k=1,2,\cdots,10)$ 个人取出黑球的概率.

解 设事件 A_k 表示"第 k 个人取出黑球"$(k=1,2,\cdots,10)$,则

$$P(A_1) = \frac{1}{10},$$

$$P(A_2) = P(\overline{A_1}A_2) = P(\overline{A_1})P(A_2 \mid \overline{A_1}) = \frac{9}{10} \cdot \frac{1}{9} = \frac{1}{10},$$

……

$$P(A_{10}) = P(\overline{A_1}\overline{A_2}\cdots\overline{A_9}A_{10})$$
$$= P(\overline{A_1})P(\overline{A_2} \mid \overline{A_1})\cdots P(\overline{A_9} \mid \overline{A_1}\overline{A_2}\cdots\overline{A_8})P(A_{10} \mid \overline{A_1}\overline{A_2}\cdots\overline{A_9})$$
$$= \frac{9}{10} \cdot \frac{8}{9} \cdot \cdots \cdot \frac{1}{2} \cdot 1 = \frac{1}{10}.$$

因此,第 $k(k=1,2,\cdots,10)$ 个人取出黑球的概率是相同的,皆为 $\frac{1}{10}$,这说明每个人取出黑球的概率与抽取的先后次序无关. 这正是前面在古典概型中讨论过的抽签问题,这里我们用乘法公式得到了同样的结论.

§1.6 全概率公式与贝叶斯公式

一、全概率公式

全概率公式是计算概率常用的重要公式,它提供了计算复杂事件概率的一条有效途径,能够将一个复杂事件的概率计算问题化繁为简,转化为在不同情况下发生的简单事件的概率来计算. 先来看一个例子.

引例 某商场销售的台灯中,甲厂产品占 60%,乙厂产品占 30%,丙厂产品占 10%.已知甲厂产品的合格率为 95%,乙厂产品的合格率为 80%,丙厂产品的合格率为 65%.现从该商场随意购买一盏台灯,求买到的台灯是合格品的概率.

解 设事件 A_1, A_2, A_3 分别表示"买到的台灯是甲、乙、丙厂生产的",B 表示"买到的台灯是合格品",则由题意得

$$P(A_1)=0.6, \quad P(A_2)=0.3, \quad P(A_3)=0.1,$$
$$P(B \mid A_1)=0.95, \quad P(B \mid A_2)=0.80, \quad P(B \mid A_3)=0.65.$$

因为 $A_1 \cup A_2 \cup A_3 = \Omega$,所以

$$B = B\Omega = B \cap (A_1 \cup A_2 \cup A_3) = (BA_1) \cup (BA_2) \cup (BA_3).$$

又因为 A_1, A_2, A_3 两两互不相容,所以 BA_1, BA_2, BA_3 两两互不相容,从而

$$P(B) = P((BA_1) \cup (BA_2) \cup (BA_3)) = P(BA_1) + P(BA_2) + P(BA_3)$$
$$= P(A_1)P(B \mid A_1) + P(A_2)P(B \mid A_2) + P(A_3)P(B \mid A_3)$$
$$= 0.6 \times 0.95 + 0.3 \times 0.80 + 0.1 \times 0.65 = 0.875.$$

引例中求 $P(B)$ 的方法具有普遍意义,即有下述定理.

定理 1.1(全概率公式) 设随机试验 E 的样本空间为 Ω,$A_1, A_2, \cdots, A_n$ 构成一个完备事件组(见图 1-3),且 $P(A_i) > 0 (i=1,2,\cdots,n)$,则对于任意事件 B,有

$$P(B) = \sum_{i=1}^{n} P(A_i) P(B \mid A_i). \tag{1-9}$$

式(1-9)称为全概率公式.

全概率公式与贝叶斯公式

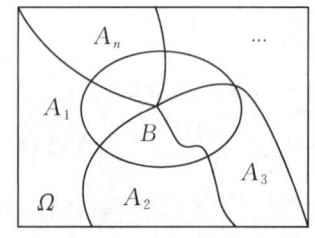

图 1-3

证明 因为 $A_1 \cup A_2 \cup \cdots \cup A_n = \Omega$,所以

$$B = B\Omega = B \cap (A_1 \cup A_2 \cup \cdots \cup A_n) = (BA_1) \cup (BA_2) \cup \cdots \cup (BA_n).$$

又因为 $A_1, A_2, \cdots, A_n$ 两两互不相容,所以 $BA_1, BA_2, \cdots, BA_n$ 两两互不相容,从而

$$P(B) = P((BA_1) \cup (BA_2) \cup \cdots \cup (BA_n))$$
$$= P(BA_1) + P(BA_2) + \cdots + P(BA_n)$$
$$= P(A_1)P(B \mid A_1) + P(A_2)P(B \mid A_2) + \cdots + P(A_n)P(B \mid A_n)$$
$$= \sum_{i=1}^{n} P(A_i) P(B \mid A_i).$$

例1 某人从外地赶来参加会议,他乘火车、轮船、汽车或飞机来的概率分别是 $\frac{3}{10}, \frac{1}{5}, \frac{1}{10}$ 及 $\frac{2}{5}$. 如果他乘飞机来则不会迟到,而乘火车、轮船、汽车来迟到的概率分别为 $\frac{1}{4}, \frac{1}{3}, \frac{1}{12}$, 试求他迟到的概率.

解 设事件 $A_i(i=1,2,3,4)$ 分别表示他乘火车、轮船、汽车或飞机来参加会议,事件 B 表示"他迟到了". 易知 A_1, A_2, A_3, A_4 构成一个完备事件组,且由题意有

$$P(A_1) = \frac{3}{10}, \quad P(A_2) = \frac{1}{5}, \quad P(A_3) = \frac{1}{10}, \quad P(A_4) = \frac{2}{5},$$

$$P(B \mid A_1) = \frac{1}{4}, \quad P(B \mid A_2) = \frac{1}{3}, \quad P(B \mid A_3) = \frac{1}{12}, \quad P(B \mid A_4) = 0.$$

由全概率公式,有

$$\begin{aligned} P(B) &= P(A_1)P(B \mid A_1) + P(A_2)P(B \mid A_2) \\ &\quad + P(A_3)P(B \mid A_3) + P(A_4)P(B \mid A_4) \\ &= \frac{3}{10} \times \frac{1}{4} + \frac{1}{5} \times \frac{1}{3} + \frac{1}{10} \times \frac{1}{12} + \frac{2}{5} \times 0 = \frac{3}{20}. \end{aligned}$$

二、贝叶斯公式

例2 仍然考虑引例中购买台灯的问题. 若已知买到的台灯是合格品,求该台灯是甲厂生产的概率.

解 仍用引例中的相关符号,则所求概率为 $P(A_1 \mid B)$. 由条件概率公式,有

$$P(A_1 \mid B) = \frac{P(A_1 B)}{P(B)},$$

由乘法公式和全概率公式,有

$$P(A_1 B) = P(A_1)P(B \mid A_1), \quad P(B) = \sum_{i=1}^{3} P(A_i)P(B \mid A_i),$$

故

$$P(A_1 \mid B) = \frac{P(A_1 B)}{P(B)} = \frac{P(A_1)P(B \mid A_1)}{\sum_{i=1}^{3} P(A_i)P(B \mid A_i)} = \frac{0.6 \times 0.95}{0.875} \approx 0.651.$$

例2中求 $P(A_1 \mid B)$ 的方法具有普遍意义,即有下述定理.

定理1.2(贝叶斯公式) 设随机试验 E 的样本空间为 $\Omega, A_1, A_2, \cdots, A_n$ 构成一个完备事件组,且 $P(A_i) > 0 (i=1,2,\cdots,n), B$ 为满足 $P(B) > 0$ 的任一事件,则

$$P(A_i \mid B) = \frac{P(A_i)P(B \mid A_i)}{\sum_{j=1}^{n} P(A_j)P(B \mid A_j)} \quad (i=1,2,\cdots,n). \tag{1-10}$$

式(1-10)称为贝叶斯公式.

贝叶斯

证明 由条件概率、乘法公式、全概率公式可得

$$P(A_i \mid B) = \frac{P(A_iB)}{P(B)} = \frac{P(A_i)P(B \mid A_i)}{\sum_{j=1}^{n} P(A_j)P(B \mid A_j)} \quad (i=1,2,\cdots,n).$$

例3 （疾病诊断问题）某地区肝癌的患病率为 0.04%，用甲胎蛋白法检查的误诊率为 5%，即非患者中有 5% 的人检验结果为阳性，患者中有 99% 的人检验结果为阳性. 现知某人的检验结果为阳性，求他确实患有肝癌的概率.

解 设事件 A 表示"该人患有肝癌"，B 表示"该人检验结果为阳性"，则有

$$P(A) = 0.0004, \quad P(\overline{A}) = 0.9996, \quad P(B \mid A) = 0.99, \quad P(B \mid \overline{A}) = 0.05.$$

由贝叶斯公式，有

$$P(A \mid B) = \frac{P(A)P(B \mid A)}{P(A)P(B \mid A) + P(\overline{A})P(B \mid \overline{A})}$$

$$= \frac{0.0004 \times 0.99}{0.0004 \times 0.99 + 0.9996 \times 0.05} \approx 0.00786.$$

计算得到的概率非常小，这是因为该病的患病率很低，仅有 0.04%. 事实上，在稀有病例的检查中，一次检测为阳性者，实际患此病的概率并不大，可进行复查，再做进一步判断.

事件的独立性

§1.7 事件的独立性

独立性是概率论中的一个重要概念，很多问题都是以独立性为前提的，利用独立性可以简化事件概率的计算.

一、两个事件的独立性

两个事件 A 与 B 相互独立的直观概念，是指 A 与 B 中任何一个事件发生都不影响另一个事件发生的可能性.

例1 抛甲、乙两枚硬币，观察正面(H)、反面(T) 出现的情况. 设事件 A 表示"甲硬币出现正面"，事件 B 表示"乙硬币出现反面"，试求 $P(B \mid A), P(A \mid B)$.

解 样本空间为 $\Omega = \{HH, HT, TH, TT\}$，显然有

$$P(A)=\frac{2}{4}=\frac{1}{2}, \quad P(B)=\frac{2}{4}=\frac{1}{2}, \quad P(B\mid A)=\frac{1}{2},$$
$$P(A\mid B)=\frac{1}{2}, \quad P(AB)=\frac{1}{4}.$$

可以看到,$P(B\mid A)=P(B)$,这说明事件 A 是否发生不影响事件 B 发生的可能性;同样,$P(A\mid B)=P(A)$,这说明事件 B 是否发生不影响事件 A 发生的可能性.因此,事件 A 与 B 相互独立.此时,由乘法公式可得

$$P(AB)=P(A)P(B\mid A)=P(B)P(A\mid B)=P(A)P(B).$$

对于相互独立的两个事件,上式具有普遍性,于是引出下述定义.

定义 1.7 若事件 A 与 B 满足
$$P(AB)=P(A)P(B),$$
则称 A 与 B **相互独立**,简称 A 与 B **独立**.

容易得到结论,若 $P(A)>0, P(B)>0$,则事件 A 与 B 相互独立和 A,B 互不相容不能同时成立.

定理 1.3（事件独立的等价定理） 以下 4 个命题是等价的：
(1) 事件 A 与 B 相互独立；
(2) 事件 A 与 $\overline{B}$ 相互独立；
(3) 事件 $\overline{A}$ 与 B 相互独立；
(4) 事件 $\overline{A}$ 与 $\overline{B}$ 相互独立.

证明 仅证明命题(1)与(2)的等价性,其余命题之间的等价性,可类似证明.

由(1)推(2).因事件 A 与 B 相互独立,故 $P(AB)=P(A)P(B)$,于是
$$P(A\overline{B})=P(A-B)=P(A)-P(AB)$$
$$=P(A)-P(A)P(B)=P(A)[1-P(B)]$$
$$=P(A)P(\overline{B}).$$

由(2)推(1).因事件 A 与 $\overline{B}$ 相互独立,故 $P(A\overline{B})=P(A)P(\overline{B})$,于是
$$P(AB)=P(A\overline{\overline{B}})=P(A-\overline{B})=P(A)-P(A\overline{B})$$
$$=P(A)-P(A)P(\overline{B})=P(A)[1-P(\overline{B})]$$
$$=P(A)P(B).$$

二、多个事件的独立性

定义 1.8 若事件 A,B,C 满足：
(1) $P(AB)=P(A)P(B)$;
(2) $P(AC)=P(A)P(C)$;
(3) $P(BC)=P(B)P(C)$;
(4) $P(ABC)=P(A)P(B)P(C)$,

则称 A,B,C **相互独立**.

若事件 A,B,C 仅满足定义 1.8 中的前 3 个条件,则称 A,B,C **两两独立**.

注 两两独立不能推出相互独立.

一般地,设有 $n(n\geqslant 2)$ 个事件 $A_1,A_2,\cdots,A_n$,若其中任意 $k(2\leqslant k\leqslant n)$ 个事件的积事件的概率都等于各事件概率之积,则称 $A_1,A_2,\cdots,A_n$ **相互独立**.

由上述定义易得如下两个结论:

(1) 若 n 个事件 $A_1,A_2,\cdots,A_n(n\geqslant 2)$ 相互独立,则其中任意 $k(2\leqslant k\leqslant n)$ 个事件也相互独立;

(2) 若 n 个事件 $A_1,A_2,\cdots,A_n(n\geqslant 2)$ 相互独立,则将其中任意多个事件换成它们的对立事件,所得的 n 个事件仍相互独立.

例 2 某射手对同一目标射击 3 次,已知第 1,2,3 次射击的命中率分别为 0.4, 0.5,0.7. 设 3 次射击是否命中相互独立,试求:

(1) 3 次射击中恰有 1 次命中的概率;

(2) 3 次射击中至少有 1 次命中的概率.

解 设事件 $A_i(i=1,2,3)$ 分别表示"第 i 次射击命中",则由题意知 A_1,A_2,A_3 相互独立,且 $P(A_1)=0.4,P(A_2)=0.5,P(A_3)=0.7$.

(1) 3 次射击中恰有 1 次命中的概率为

$$P((A_1\overline{A_2}\overline{A_3})\cup(\overline{A_1}A_2\overline{A_3})\cup(\overline{A_1}\overline{A_2}A_3))$$
$$=P(A_1\overline{A_2}\overline{A_3})+P(\overline{A_1}A_2\overline{A_3})+P(\overline{A_1}\overline{A_2}A_3)$$
$$=P(A_1)P(\overline{A_2})P(\overline{A_3})+P(\overline{A_1})P(A_2)P(\overline{A_3})+P(\overline{A_1})P(\overline{A_2})P(A_3)$$
$$=0.4\times(1-0.5)\times(1-0.7)+(1-0.4)\times 0.5\times(1-0.7)$$
$$\quad+(1-0.4)\times(1-0.5)\times 0.7$$
$$=0.36.$$

(2) 3 次射击中至少有 1 次命中的概率为

$$1-P(\overline{A_1}\overline{A_2}\overline{A_3})=1-P(\overline{A_1})P(\overline{A_2})P(\overline{A_3})$$
$$=1-(1-0.4)\times(1-0.5)\times(1-0.7)=0.91.$$

例 3 设每个人血清中含有肝炎病毒的概率为 0.4%,现在混合 100 个人的血清,求此混合血清中含有肝炎病毒的概率(设每个人是否含有肝炎病毒相互独立).

解 设事件 $A_i(i=1,2,\cdots,100)$ 表示"第 i 个人的血清中含有肝炎病毒",则由题意可知 $P(A_i)=0.004,P(\overline{A_i})=0.996$. 故此混合血清中含有肝炎病毒的概率为

$$P\Big(\bigcup_{i=1}^{100}A_i\Big)=1-P\Big(\overline{\bigcup_{i=1}^{100}A_i}\Big)=1-P\Big(\bigcap_{i=1}^{100}\overline{A_i}\Big)=1-\prod_{i=1}^{100}P(\overline{A_i})$$
$$=1-0.996^{100}=0.330\,2.$$

由此可见,虽然每个人的血清中含有肝炎病毒的概率很小,但是 100 个人的混合血清中含有肝炎病毒的概率却较大. 在实际工作中,我们要充分重视这类叠加效应.

习题一

1. 写出下列随机试验的样本空间：
   (1) 连续掷 3 颗骰子，观察出现的点数；
   (2) 一袋中有 n 个红球和 m 个白球，现从袋中任取 1 个球，观察其颜色；
   (3) 在十字交叉路口记录每小时通过的机动车数量；
   (4) 在单位圆内任取两点，观察这两点间的距离；
   (5) 在长度为 l 的线段上任取一点，该点将线段分成两段，观察两条线段的长度.

2. 某人向一个目标连射 3 枪，设事件 $A_i(i=1,2,3)$ 表示"第 i 枪击中目标"，试用 A_1,A_2,A_3 的运算式表示下列事件：
   (1) 只有第一枪击中目标；
   (2) 只有一枪击中目标；
   (3) 至少有一枪击中目标；
   (4) 至多有一枪击中目标；
   (5) 第一枪和第三枪中至少有一枪击中目标.

3. 设 $P(A)=0.6, P(B)=0.5, P(AB)=0.2$，试求：
   (1) $P(\overline{AB})$； (2) $P(\overline{A}\,\overline{B})$； (3) $P(\overline{A}\cup B)$； (4) $P(\overline{A}\cup \overline{B})$.

4. 设 $P(\overline{A})=0.3, P(B)=0.4, P(A\overline{B})=0.5$，求 $P(B\mid(A\cup \overline{B}))$.

5. 某气象台根据历年气象资料得到某地某月份刮大风的概率为 $\dfrac{11}{30}$，在刮大风的条件下下雨的概率为 $\dfrac{7}{8}$，求该地该月份中某一天既刮大风又下雨的概率.

6. 从一副扑克牌(共 52 张，不含大小王)中任取 4 张，求 4 张花色都不相同的概率.

7. 一批产品共 N 件，其中有 M 件正品，现从中随机取出 $n(n<N)$ 件，试在下列取出方式下求其中恰有 $m(m\leqslant M)$ 件正品的概率：
   (1) n 件是同时取出的；
   (2) n 件是无放回逐件取出的；
   (3) n 件是有放回逐件取出的.

8. 一盒中有 10 个乒乓球，其中有 6 个新球，4 个旧球. 现从盒中任取 5 个，求正好取得 3 个新球、2 个旧球的概率.

9. 一袋中有 10 个球，其中有 4 个红球，6 个白球，现从袋中不放回地每次任取一球，求第 3 次取出红球的概率.

10. 一楼高 12 层，有 5 个人从第一层进入电梯. 假设每个人以相同的概率从第二层开始的任一楼层走出电梯，求这 5 个人均在不同楼层走出的概率.

11. 有一个 5 人学习小组，考虑生日问题，求：
    (1) 5 个人的生日都在星期日的概率；
    (2) 5 个人的生日都不在星期日的概率；

(3) 5个人的生日不都在星期日的概率.

12. 设两两独立的3个事件A,B,C满足条件$ABC=\varnothing$,$P(A)=P(B)=P(C)<\dfrac{1}{2}$, $P(A\cup B\cup C)=\dfrac{9}{16}$,求$P(A)$.

13. 据统计,某省的血型分布近似为:A型血28.21%,B型血29.04%,O型血34.11%,AB型血8.64%.设夫妻拥有的血型是相互独立的,求:

    (1) 妻子为B型时,丈夫是妻子的安全输血者(丈夫为B型血或O型血)的概率;

    (2) 随机一对夫妻,妻子为A型血,丈夫为B型血的概率;

    (3) 随机一对夫妻,其中一人为A型血,另一人为B型血的概率;

    (4) 随机一对夫妻,其中至少有一人是O型血的概率.

14. 设灯泡的使用寿命在1000 h以上的概率为0.2.若有3个灯泡是相互独立使用的,求这3个灯泡在使用1000 h以后至多有一个损坏的概率.

15. 某射击队里有编号为1,2,3,4,5的5名射手,他们的射击命中率分别为0.5,0.6,0.7,0.8,0.9.现从该队任选一名射手,让他对目标射击一次,求:

    (1) 命中目标的概率;

    (2) 已知命中目标,选取的是1号射手的概率.

16. 某商店销售的家电产品中,来自甲、乙、丙3个厂的比例为1:2:1,且这3个厂生产的家电产品的次品率分别为0.1,0.15,0.2.某顾客从该商店里任意选购一件家电产品,试求:

    (1) 顾客买到合格品的概率;

    (2) 已知顾客买到的是合格品,它是由甲厂生产的概率.

17. 已知男性中有5%是色盲患者,女性中有0.25%是色盲患者.现从男女人数相等的人群中随机挑选一人,恰好是色盲患者,问:此人是男性的概率为多少?

18. 甲、乙、丙3人独立地向同一飞盘射击,设击中的概率分别是0.4,0.5,0.7.若只有一个人击中,则飞盘被击落的概率为0.2;若有两个人击中,则飞盘被击落的概率为0.6;若3个人都击中,则飞盘一定被击落,求飞盘被击落的概率.

19. 设每次试验中事件A发生的概率均为$p(0<p<1)$.现进行4次独立试验,若已知事件A至少发生一次的概率为$\dfrac{65}{81}$,试求p的值.

20. 若事件A,B,C相互独立,试证:$A\cup B$,AB及$A-B$分别都与C相互独立.

第二章

随机变量及其分布

为了更深入地研究随机现象,本章引入随机变量的概念.随机变量概念的建立是概率论发展史上的重大突破.它将随机试验的结果数量化,使得随机事件及其概率能用随机变量及其分布函数来表示,从而借助微积分这个有利的数学工具,将对个别随机事件的研究扩大到对随机变量所表征的随机现象的研究,使概率论的发展进入一个新的阶段.

本章主要介绍离散型随机变量和连续型随机变量及其分布,同时将一些常见实际问题模型化,并介绍相应的概率分布,如二项分布、泊松分布、均匀分布、指数分布、正态分布等.

学习目标与知识结构

 随机变量及其分类

一、随机变量的概念

经过前面的学习,我们知道有些随机试验的结果可以直接用数值来表示,而有些随机试验的结果不能直接用数值来表示.当样本空间中的元素不是数值时,人们对样本空间就难以描述和研究.下面我们来讨论如何引入一个法则,将样本空间中的元素与实数对应起来,也就是用数值表示试验结果.

例1 抛掷一颗质地均匀的骰子,观察出现的点数.样本空间为
$$\Omega = \{1,2,3,4,5,6\}.$$

例2 抛甲、乙两枚硬币,观察正面(H)、反面(T)出现的情况.样本空间为
$$\Omega = \{HH, HT, TH, TT\}.$$

我们发现,例1中随机试验的结果可以直接用数值来表示.若引入变量 X 表示"出现的点数",则$\{X \leqslant 2\}$表示事件"出现的点数是1点或2点",$\{X > 4\}$表示事件"出现的点数大

于 4".

但例 2 中随机试验的结果却不能直接用数值来表示. 如果引入变量 X 表示"两枚硬币出现正面的枚数",那么样本空间中的每一个元素 ω 就可以用数值来表示了:

$$X=X(\omega)=\begin{cases}0, & \omega=TT, \\ 1, & \omega=HT \text{ 或 } TH, \\ 2, & \omega=HH.\end{cases}$$

此时,$\{X=0\}$ 表示事件"两枚硬币都出现反面",$\{X=1\}$ 表示事件"甲、乙两枚硬币中只有一枚出现正面",$\{X>2\}$ 表示不可能事件.

综上,我们发现,引入变量后,任何事件都可以用变量取值的等式或不等式来表示,这样一来,我们就可以把对事件的研究转化为对变量的研究,从而借助微积分等各种数学工具来深入研究随机现象.

定义 2.1 设随机试验 E 的样本空间为 Ω,若对于 Ω 中的每一个元素 ω,都有一个确定的实数 $X(\omega)$ 与之对应,则称 Ω 上的实值函数 $X(\omega)$ 为**随机变量**,简记为 X.

随机变量一般用大写字母 X, Y, Z 等表示,随机变量的取值一般用小写字母 x, y, z 等表示.

随机变量与一般的函数有所不同,它具有以下特点:

(1) 一般的函数是定义在实数轴上的,而随机变量是定义在样本空间上的;

(2) 随机变量的取值随试验的结果而定,在试验之前不能预知它取什么值,且它的取值具有一定的概率.

二、随机变量的分类

按随机变量的取值情况,通常可以把随机变量分为两类,即离散型随机变量和非离散型随机变量. 在非离散型随机变量中,本书主要研究连续型随机变量.

(1) 离散型随机变量.

若随机变量 X 的所有可能取值是有限多个或可列无穷多个,则称 X 为**离散型随机变量**.

(2) 连续型随机变量.

若随机变量 X 的所有可能取值连续地充满某个区间甚至整个数轴,则称 X 为**连续型随机变量**.

§2.2 离散型随机变量

对于随机变量,我们要掌握它的统计规律,就不仅要知道它可能取哪些值,还要知道它取这些值的概率.

一、分布律的概念

定义 2.2 设 X 是一个离散型随机变量,它的所有可能取值为 $x_k(k=1,2,\cdots)$,并且取各个值对应的概率为 p_k,即
$$P\{X=x_k\}=p_k,$$
则称上式为离散型随机变量 X 的**分布律**(或**分布列**).

离散型随机变量 X 的分布律也常用表格形式来表示,如表 2-1 所示.

表 2-1

X	x_1	x_2	$\cdots$	x_k	$\cdots$
P	p_1	p_2	$\cdots$	p_k	$\cdots$

二、分布律的性质

容易证明,分布律具有如下性质.

性质 1(非负性) $P\{X=x_k\}=p_k \geqslant 0(k=1,2,\cdots)$.

性质 2(归一性) $\sum\limits_{k=1}^{\infty} p_k = 1$.

例 1 设某篮球运动员每次投篮命中的概率为 0.8,记他在 2 次独立投篮中命中的次数为 X,求随机变量 X 的分布律.

解 设 $A_i(i=1,2)$ 表示事件"第 i 次投篮命中",则 $P(A_1)=P(A_2)=0.8$. 显然,X 的所有可能取值为 0,1,2,且由题意有
$$P\{X=0\}=P(\overline{A_1}\overline{A_2})=P(\overline{A_1})P(\overline{A_2})=(1-0.8)^2=0.04,$$
$$P\{X=1\}=P(\overline{A_1}A_2)+P(A_1\overline{A_2})=P(\overline{A_1})P(A_2)+P(A_1)P(\overline{A_2})$$
$$=2\times 0.8 \times (1-0.8)=0.32,$$
$$P\{X=2\}=P(A_1A_2)=0.8^2=0.64.$$
于是,X 的分布律如表 2-2 所示.

表 2-2

X	0	1	2
P	0.04	0.32	0.64

三、常用的离散型随机变量的分布

1. 两点分布

定义 2.3 若随机变量 X 只有两个可能的取值 x_1, x_2,且其分布律为
$$P\{X=x_1\}=1-p, \quad P\{X=x_2\}=p \quad (0<p<1),$$

则称 X 服从参数为 p 的**两点分布**.

特别地,当 $x_1=0,x_2=1$ 时,两点分布也叫作(0—1)**分布**,其分布律如表 2-3 所示.

表 2-3

X	0	1
P	$1-p$	p

(0—1)分布的分布律也可以写成
$$P\{X=k\}=p^k(1-p)^{1-k} \quad (k=0,1).$$

两点分布可以作为描述试验结果只包含两个基本事件的数学模型.例如,新生婴儿的性别是否为男,射击是否中靶,检查产品的质量是否合格等试验,都可以用两点分布的模型来描述.

2. 二项分布

定义 2.4 若随机试验满足:

(1) 每次试验只有两种可能的结果 A 与 $\overline{A}$,且每次试验中 A 发生的概率为 $p(0<p<1)$;

(2) 在相同条件下重复地做 n 次试验,且这 n 次试验的结果是相互独立的,

则称这种试验为 n **重伯努利试验**,简称**伯努利试验**.

例 2 某射手对同一目标进行射击,每次命中的概率为 0.7.现该射手独立射击 4 次,求他恰好命中 2 次的概率.

解 每次射击只有两种结果:"命中"和"未命中".若设事件 $A_i(i=1,2,3,4)$ 表示"第 i 次射击命中",则 $\overline{A_i}$ 表示"第 i 次射击未命中",且 $P(A_i)=0.7,P(\overline{A_i})=0.3$.在相同条件下重复地射击 4 次,且这 4 次射击是相互独立的.因此,该试验是伯努利试验.

若用随机变量 X 表示"该射手命中的次数",则所求概率为
$$\begin{aligned}P\{X=2\}&=P((A_1A_2\overline{A_3}\overline{A_4})\cup(A_1\overline{A_2}A_3\overline{A_4})\cup(A_1\overline{A_2}\overline{A_3}A_4)\cup(\overline{A_1}A_2A_3\overline{A_4})\\&\quad\cup(\overline{A_1}A_2\overline{A_3}A_4)\cup(\overline{A_1}\overline{A_2}A_3A_4))\\&=P(A_1A_2\overline{A_3}\overline{A_4})+P(A_1\overline{A_2}A_3\overline{A_4})+P(A_1\overline{A_2}\overline{A_3}A_4)+P(\overline{A_1}A_2A_3\overline{A_4})\\&\quad+P(\overline{A_1}A_2\overline{A_3}A_4)+P(\overline{A_1}\overline{A_2}A_3A_4)\\&=C_4^2\times0.7^2\times0.3^{4-2}=0.2646.\end{aligned}$$

把例 2 中求概率的结论一般化,我们很容易得到 n 重伯努利试验中事件发生的概率的计算公式.

定理 2.1(伯努利定理) 在 n 重伯努利试验中,若用随机变量 X 表示事件 A 发生的次数,$P(A)=p$,则事件 A 恰好发生 k 次的概率为
$$P\{X=k\}=C_n^k p^k(1-p)^{n-k} \quad (k=0,1,2,\cdots,n).$$

容易证明上式满足分布律的两条性质,因此它可以作为某个随机变量的分布律.

定义 2.5 若随机变量 X 的分布律为
$$P\{X=k\}=C_n^k p^k (1-p)^{n-k} \quad (k=0,1,2,\cdots,n), \tag{2-1}$$
则称 X 服从参数为 n,p 的**二项分布**,记作 $X \sim B(n,p)$.

注 由于式(2-1)右边恰好是二项式$[p+(1-p)]^n$ 的展开式中的第 $k+1$ 项,因此将其称为二项分布.

特别地,当 $n=1$ 时,二项分布退化为两点分布.

图 2-1 给出了 4 个二项分布 $B(9,0.2), B(20,0.2), B(20,0.75), B(20,0.5)$ 的分布律. 从图中可以看出,二项分布具有以下特点:

(1) 对于固定的 n 和 p,随着 k 的增大,概率 $P\{X=k\}$ 先随之增大,直至达到最大值(图 2-1 的 4 种情况下,分别当 $k=1$ 或 $2,k=4,k=15,k=10$ 时取到最大值),随后单调减小.

(2) 当 $p=0.5$ 时,图形是轴对称的;当 $p<0.5$ 时,图形向左偏移;当 $p>0.5$ 时,图形向右偏移.

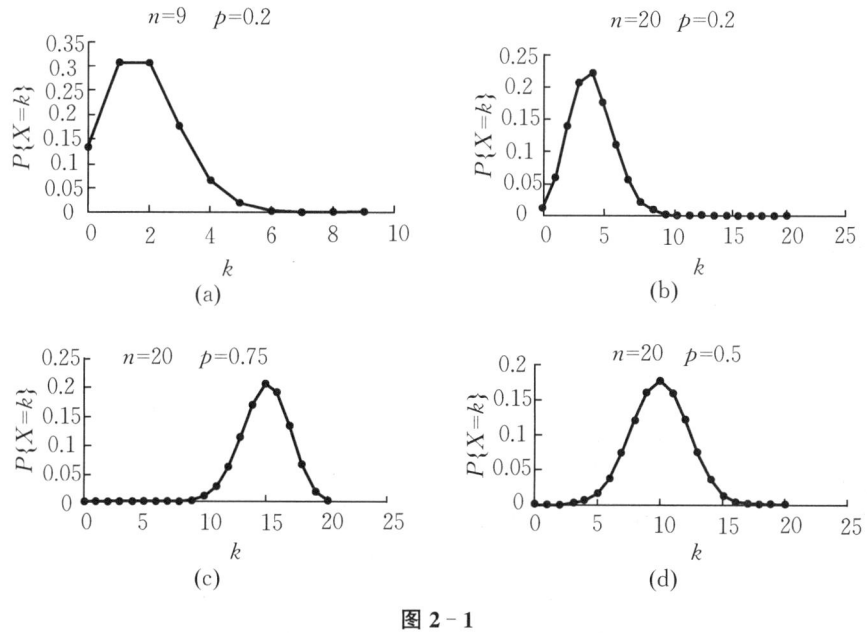

图 2-1

例 3 某人独立射击 5 000 次,每次的命中率为 0.001,求他命中次数不少于 1 的概率.

解 令 X 表示他命中的次数,则 $X \sim B(5\,000, 0.001)$. 因此,所求概率为
$$P\{X \geq 1\} = 1 - P\{X<1\} = 1 - P\{X=0\}$$
$$= 1 - C_{5\,000}^0 \times 0.001^0 \times 0.999^{5\,000} \approx 0.993\,3.$$

由此可以发现,尽管每次射击的命中率非常低,但当重复射击多次时,命中目标几乎是可以肯定的. 这说明小概率事件重复多了,就成了大概率事件.

例 4 （**人力资源管理**）设有 80 台同类型设备，各设备工作是相互独立的，发生故障的概率都是 0.01，且一台设备发生故障能由一名维修工进行处理. 考虑下列两种配备维修工的方案：

(1) 配备 4 名维修工，每名维修工负责 20 台设备；

(2) 配备 3 名维修工，共同负责 80 台设备.

试比较这两种方案在设备发生故障时不能及时维修的概率的大小.

解 （1）设 X 表示第 1 名维修工负责的 20 台设备中同一时刻发生故障的台数，则 $X \sim B(20, 0.01)$. 记事件 $A_i(i=1,2,3,4)$ 表示"第 i 名维修工负责的 20 台设备中发生故障不能及时维修"，故 80 台设备发生故障时不能及时维修的概率为

$$P(A_1 \cup A_2 \cup A_3 \cup A_4) > P(A_1) = P\{X \geq 2\} = 1 - P\{X=0\} - P\{X=1\}$$
$$= 1 - 0.99^{20} - 20 \times 0.99^{19} \times 0.01 \approx 0.0169.$$

(2) 设 Y 表示 80 台设备中同一时刻发生故障的台数，则 $Y \sim B(80, 0.01)$. 故 3 人负责的 80 台设备发生故障时不能及时维修的概率为

$$P\{Y \geq 4\} = 1 - \sum_{k=0}^{3} P\{Y=k\} = 1 - \sum_{k=0}^{3} C_{80}^{k} \times 0.01^{k} \times 0.99^{80-k} \approx 0.0087.$$

上述结果说明，第二种方案更节省人力，且工作效果比第一种方案更好.

从例 4 可以看出，概率论在生产调度、人力资源管理中有着重要的应用.

3. 泊松分布

定义 2.6（泊松分布） 若随机变量 X 的分布律为

$$P\{X=k\} = \frac{\lambda^k}{k!} e^{-\lambda} \quad (k=0,1,2,\cdots), \tag{2-2}$$

其中 $\lambda > 0$ 且为常数，则称 X 服从参数为 λ 的**泊松分布**，记作 $X \sim P(\lambda)$.

泊松

通常，我们把一次试验中发生的可能性很小的事件称为**稀有事件**. 泊松分布可以作为描述大量试验中稀有事件发生次数的概率分布情况的数学模型.

泊松分布在实际应用中是很常见的. 例如，一本书中一页上印刷错误的个数，某医院在一天内接收的急诊人数，田间一定面积中杂草的数量，某地区一段时间内发生交通事故的次数，一定容积内的细菌数等都服从泊松分布.

下面介绍一个用泊松分布来逼近二项分布的定理.

定理 2.2（泊松定理） 设 $np_n = \lambda (\lambda > 0$ 且为常数，n 为任意正整数)，则对任意固定的非负整数 k，有

$$\lim_{n \to \infty} C_n^k p_n^k (1-p_n)^{n-k} = \frac{\lambda^k e^{-\lambda}}{k!}.$$

由泊松定理知，当 n 较大，p 较小时，泊松分布是二项分布的一个良好近似，即

$$C_n^k p^k (1-p)^{n-k} \approx \frac{\lambda^k e^{-\lambda}}{k!} \quad (\lambda = np). \tag{2-3}$$

在实际计算中，通常当 $n \geq 20$，$p \leq 0.05$ 时，用以 $\lambda (\lambda = np)$ 为参数的泊松分布来近似

二项分布的效果颇佳. $\dfrac{\lambda^k e^{-\lambda}}{k!}$ 的值有表可查(见附表2).

例5 （产品抽检问题）某计算机硬件公司负责制造某种特殊型号的微型芯片,其次品率达 0.1%. 已知各芯片的制造相互独立,求 1 000 个芯片中至少有 2 个次品的概率.

解 设 X 表示 1 000 个芯片中的次品数,则 $X \sim B(1\,000, 0.001)$. 故所求概率为

$$P\{X \geqslant 2\} = 1 - P\{X=0\} - P\{X=1\}$$
$$= 1 - C_{1\,000}^0 \times 0.001^0 \times (1-0.001)^{1\,000} - C_{1\,000}^1 \times 0.001^1 \times (1-0.001)^{999}$$
$$= 1 - (0.999)^{1\,000} - (0.999)^{999} = 0.264\,241.$$

而应用公式(2-3)来计算可得($\lambda = np = 1\,000 \times 0.001 = 1$)

$$P\{X \geqslant 2\} \approx \sum_{k=2}^{\infty} \frac{1^k e^{-1}}{k!} = 0.264\,241.$$

显然,利用公式(2-3)来计算更加方便,且近似效果很好.

例6 （寿险问题）某保险公司推出一种意外死亡险,共有 2 500 个人购买了该保险. 已知每人在一年里意外死亡的概率为 0.002,每个参加保险的人每年须付 120 元保险费,而意外死亡时家属可从保险公司领取赔偿费 20 000 元. 求:

（1）一年里保险公司亏本的概率；

（2）一年里保险公司获利不少于 100 000 元的概率.

解 设参加保险的人在一年里意外死亡的人数为 X,则 $X \sim B(2\,500, 0.002)$.

（1）一年里保险公司亏本的概率为($\lambda = np = 2\,500 \times 0.002 = 5$)

$$P\{20\,000X > 2\,500 \times 120\} = P\{X > 15\} \approx \sum_{k=16}^{\infty} \frac{5^k e^{-5}}{k!} = 0.000\,069.$$

（2）一年里保险公司获利不少于 100 000 元的概率为

$$P\{2\,500 \times 120 - 20\,000X \geqslant 100\,000\} = P\{X \leqslant 10\} \approx \sum_{k=0}^{10} \frac{5^k e^{-5}}{k!}$$
$$= 1 - \sum_{k=11}^{\infty} \frac{5^k e^{-5}}{k!} = 1 - 0.013\,695$$
$$= 0.986\,305.$$

常用离散型随机变量的概率分布

§2.3 随机变量的分布函数

对于离散型随机变量,人们感兴趣的是它取某个特定值的概率是多少,这可以用分布律来描述. 但对于连续型随机变量,人们感兴趣的是它落在某个区间的概率是多少. 因此时随机变量的取值不可数,故利用分布律列举其全部可能的取值及相应概率的方法就变得毫无

意义. 下面引入分布函数来描述随机变量的概率分布规律.

一、分布函数的概念

定义 2.7 设 X 是一个随机变量,x 为任意实数,称函数
$$F(x) = P\{X \leqslant x\}$$
为 X 的**分布函数**.

注 由分布函数的定义可知,分布函数对离散型随机变量和连续型随机变量都是适用的.

如果将 X 看成数轴上随机点的坐标,那么分布函数 $F(x)$ 在点 x 处的函数值就表示 X 落在区间 $(-\infty, x]$ 上的概率. 分布函数是一个一般的函数,正是通过它,我们能用微积分的方法来研究随机变量.

显然,对于任意实数 $a, b(a < b)$,有
$$P\{a < X \leqslant b\} = P\{X \leqslant b\} - P\{X \leqslant a\} = F(b) - F(a). \tag{2-4}$$
因此,若已知随机变量 X 的分布函数,我们就能知道 X 落在任意区间 $(a, b]$ 上的概率. 从这个意义上说,分布函数完整地描述了随机变量的统计规律性.

例 1 设随机变量 X 的分布律如表 2-4 所示,求:
(1) X 的分布函数 $F(x)$,并绘出 $F(x)$ 的图形;
(2) X 落在区间 $(-\infty, 0]$,$\left(-\infty, \dfrac{3}{2}\right]$,$\left(\dfrac{1}{2}, \dfrac{5}{2}\right]$ 上的概率.

表 2-4

X	0	1	2
P	0.3	0.5	0.2

解 (1) 由分布函数的定义,
当 $x < 0$ 时,$F(x) = P\{X \leqslant x\} = 0$;
当 $0 \leqslant x < 1$ 时,$F(x) = P\{X \leqslant x\} = P\{X = 0\} = 0.3$;
当 $1 \leqslant x < 2$ 时,$F(x) = P\{X \leqslant x\} = P\{X = 0\} + P\{X = 1\} = 0.8$;
当 $x \geqslant 2$ 时,$F(x) = P\{X \leqslant x\} = P\{X = 0\} + P\{X = 1\} + P\{X = 2\} = 1$.
因此,X 的分布函数为
$$F(x) = \begin{cases} 0, & x < 0, \\ 0.3, & 0 \leqslant x < 1, \\ 0.8, & 1 \leqslant x < 2, \\ 1, & x \geqslant 2. \end{cases}$$

$F(x)$ 的图形如图 2-2 所示,这是一条阶梯形的曲线,易知 $x = 0, 1, 2$ 为其跳跃点,跳跃值分别为 0.3, 0.5, 0.2.

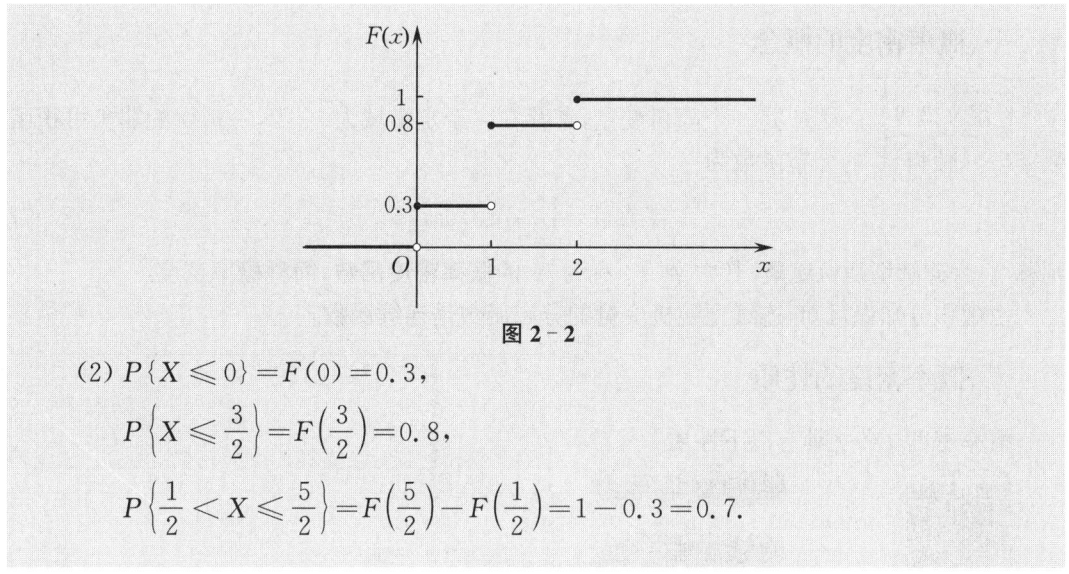

图 2-2

(2) $P\{X \leqslant 0\} = F(0) = 0.3$,

$$P\left\{X \leqslant \frac{3}{2}\right\} = F\left(\frac{3}{2}\right) = 0.8,$$

$$P\left\{\frac{1}{2} < X \leqslant \frac{5}{2}\right\} = F\left(\frac{5}{2}\right) - F\left(\frac{1}{2}\right) = 1 - 0.3 = 0.7.$$

由例 1 可以看出,对离散型随机变量来说,其概率分布规律既可以用分布律来描述,也可以用分布函数来描述,而使用分布律更简单和直观.

二、分布函数的性质

分布函数 $F(x)$ 具有以下基本性质.

性质 1（单调不减性） $F(x)$ 是一个单调不减的函数,即对于任意实数 x_1, x_2 $(x_1 < x_2)$,有

$$F(x_1) \leqslant F(x_2).$$

性质 2（归一性） $0 \leqslant F(x) \leqslant 1$,且

$$F(-\infty) = \lim_{x \to -\infty} F(x) = 0, \quad F(+\infty) = \lim_{x \to +\infty} F(x) = 1.$$

性质 3（右连续性） $F(x)$ 右连续,即

$$\lim_{x \to x_0^+} F(x) = F(x_0).$$

反之,任意满足上述 3 个性质的函数,一定可以作为某个随机变量的分布函数.因此,这 3 个性质是分布函数的充要条件.

§2.4 连续型随机变量

连续型随机变量所有可能的取值连续地充满某个区间甚至整个数轴,这时研究它取某个值的概率往往意义不大.所以,对于连续型随机变量,不能像离散型随机变量那样,用分布律描述其概率分布,而应用概率密度描述其概率分布.

一、概率密度的概念

定义 2.8 设 X 是一个随机变量,若存在一个定义域为 $(-\infty,+\infty)$ 的非负可积函数 $f(x)$,使得 X 的分布函数为

$$F(x)=\int_{-\infty}^{x}f(t)\mathrm{d}t, \tag{2-5}$$

则称 X 为**连续型随机变量**,其中 $f(x)$ 称为 X 的**概率密度函数**,简称**概率密度**.

由微积分知识可知,连续型随机变量的分布函数是连续函数.

二、概率密度的性质

概率密度 $f(x)$ 具有以下性质:

连续型随机变量的概率密度和分布函数

性质 1(非负性) $f(x)\geqslant 0$.

性质 2(归一性) $\int_{-\infty}^{+\infty}f(x)\mathrm{d}x=1$.

反之,任意满足上述两个性质的函数,一定可以作为某个连续型随机变量的概率密度.因此,上述两个性质是连续型随机变量的本质属性.

性质 3 对任意实数 $x_1,x_2(x_1<x_2)$,有

$$P\{x_1<X\leqslant x_2\}=\int_{x_1}^{x_2}f(x)\mathrm{d}x. \tag{2-6}$$

证明 $P\{x_1<X\leqslant x_2\}=F(x_2)-F(x_1)$
$$=\int_{-\infty}^{x_2}f(x)\mathrm{d}x-\int_{-\infty}^{x_1}f(x)\mathrm{d}x$$
$$=\int_{x_1}^{x_2}f(x)\mathrm{d}x.$$

由性质 3 可以看出,X 落入任意区间 $(x_1,x_2]$ 上的概率 $P\{x_1<X\leqslant x_2\}$ 等于由概率密度曲线 $y=f(x)$ 及直线 $x=x_1,x=x_2,x$ 轴围成的曲边梯形的面积(见图 2-3 中的阴影部分).

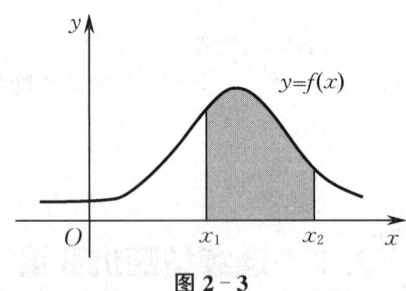

图 2-3

性质 4 若 $f(x)$ 在点 x 处连续,则有

$$F'(x)=f(x).$$

性质 5 若 x 是 $f(x)$ 的一个连续点,则当 Δx 充分小时,有

$$P\{x<X\leqslant x+\Delta x\}\approx f(x)\Delta x.$$

证明 由性质 3 和积分中值定理可得
$$P\{x < X \leqslant x + \Delta x\} = \int_x^{x+\Delta x} f(t) \mathrm{d}t = f(\xi) \Delta x,$$
其中 ξ 在 x 与 $x + \Delta x$ 之间,当 Δx 充分小时,有 $f(\xi) \approx f(x)$,即有
$$P\{x < X \leqslant x + \Delta x\} \approx f(x) \Delta x.$$
由此可见,概率密度 $f(x)$ 在点 x 处的函数值的大小反映了随机变量 X 在点 x 附近取值的概率大小. 需要注意的是,$f(x) \neq P\{X = x\}$.

性质 6 连续型随机变量取任意特定值 a 的概率都为 0,即 $P\{X = a\} = 0$.

事实上,对任意实数 $h > 0$,有
$$0 \leqslant P\{X = a\} \leqslant P\{a - h < X \leqslant a\} = \int_{a-h}^{a} f(x) \mathrm{d}x,$$
而 $\lim\limits_{h \to 0^+} \int_{a-h}^{a} f(x) \mathrm{d}x = 0$,故由夹逼定理知
$$P\{X = a\} = 0.$$
由此可知,连续型随机变量落在某一区间的概率与区间的开闭无关,即
$$P\{a \leqslant X \leqslant b\} = P\{a < X \leqslant b\} = P\{a \leqslant X < b\} = P\{a < X < b\}. \quad (2-7)$$
需要注意的是,尽管 $P\{X = a\} = 0$,但 $\{X = a\}$ 不一定是不可能事件. 同样,概率为 1 的事件也不一定是必然事件.

例 1 设连续型随机变量 X 的分布函数为
$$F(x) = \begin{cases} 0, & x < 0, \\ kx^2, & 0 \leqslant x < 1, \\ 1, & x \geqslant 1, \end{cases}$$
试求:

(1) 常数 k 的值;

(2) X 落在区间 $(0.3, 0.7)$ 内的概率;

(3) X 的概率密度.

解 (1) 因 X 为连续型随机变量,故 $F(x)$ 是连续函数,从而有
$$1 = F(1) = \lim_{x \to 1^-} F(x) = \lim_{x \to 1^-} kx^2 = k,$$
即 $k = 1$. 于是
$$F(x) = \begin{cases} 0, & x < 0, \\ x^2, & 0 \leqslant x < 1, \\ 1, & x \geqslant 1. \end{cases}$$

(2) $P\{0.3 < X < 0.7\} = F(0.7) - F(0.3) = 0.7^2 - 0.3^2 = 0.4$.

(3) X 的概率密度为
$$f(x) = F'(x) = \begin{cases} 2x, & 0 \leqslant x < 1, \\ 0, & \text{其他}. \end{cases}$$

例2 设连续型随机变量 X 的概率密度为
$$f(x)=\begin{cases} Ax, & 0\leqslant x\leqslant 1, \\ A(2-x), & 1<x\leqslant 2, \\ 0, & \text{其他}, \end{cases}$$

试求：

(1) 常数 A 的值；

(2) X 的分布函数 $F(x)$；

(3) $P\left\{\dfrac{1}{2}\leqslant X\leqslant \dfrac{3}{2}\right\}$.

解 (1) 由归一性知 $\int_{-\infty}^{+\infty}f(x)\mathrm{d}x=1$，即

$$\int_{-\infty}^{0}0\mathrm{d}x+\int_{0}^{1}Ax\mathrm{d}x+\int_{1}^{2}A(2-x)\mathrm{d}x+\int_{2}^{+\infty}0\mathrm{d}x=0+\frac{A}{2}+\frac{A}{2}+0=1,$$

解得 $A=1$. 于是

$$f(x)=\begin{cases} x, & 0\leqslant x\leqslant 1, \\ 2-x, & 1<x\leqslant 2, \\ 0, & \text{其他}. \end{cases}$$

(2) 当 $x<0$ 时，$F(x)=\int_{-\infty}^{x}0\mathrm{d}x=0$；

当 $0\leqslant x\leqslant 1$ 时，$F(x)=\int_{-\infty}^{0}0\mathrm{d}x+\int_{0}^{x}x\mathrm{d}x=\dfrac{x^2}{2}$；

当 $1<x\leqslant 2$ 时，$F(x)=\int_{-\infty}^{0}0\mathrm{d}x+\int_{0}^{1}x\mathrm{d}x+\int_{1}^{x}(2-x)\mathrm{d}x=2x-\dfrac{x^2}{2}-1$；

当 $x>2$ 时，$F(x)=\int_{-\infty}^{0}0\mathrm{d}x+\int_{0}^{1}x\mathrm{d}x+\int_{1}^{2}(2-x)\mathrm{d}x+\int_{2}^{x}0\mathrm{d}x=1$.

因此，X 的分布函数为

$$F(x)=\begin{cases} 0, & x<0, \\ \dfrac{x^2}{2}, & 0\leqslant x\leqslant 1, \\ 2x-\dfrac{x^2}{2}-1, & 1<x\leqslant 2, \\ 1, & x>2. \end{cases}$$

(3) **方法一** $P\left\{\dfrac{1}{2}\leqslant X\leqslant \dfrac{3}{2}\right\}=\int_{\frac{1}{2}}^{\frac{3}{2}}f(x)\mathrm{d}x=\int_{\frac{1}{2}}^{1}x\mathrm{d}x+\int_{1}^{\frac{3}{2}}(2-x)\mathrm{d}x$

$=\dfrac{3}{8}+\dfrac{3}{8}=\dfrac{3}{4}.$

方法二 $P\left\{\dfrac{1}{2}\leqslant X\leqslant \dfrac{3}{2}\right\}=F\left(\dfrac{3}{2}\right)-F\left(\dfrac{1}{2}\right)=\dfrac{7}{8}-\dfrac{1}{8}=\dfrac{3}{4}.$

例3 （库存管理）某加油站每周补给一次油，设该加油站每周的销售量 X（单位：

m³)为一随机变量,对长期收集的每周销售量数据进行分析,可得 X 的概率密度为

$$f(x) = \begin{cases} \dfrac{1}{20}\left(1 - \dfrac{x}{100}\right)^4, & 0 < x < 100, \\ 0, & \text{其他}. \end{cases}$$

试问:该加油站的储油罐容量需要多大,才能把一周内断油的概率控制在 5% 以下?

解 设该加油站的储油罐容量为 a m³,依题意有

$$P\{X > a\} = \int_a^{100} \dfrac{1}{20}\left(1 - \dfrac{x}{100}\right)^4 dx = -\left(1 - \dfrac{x}{100}\right)^5 \Big|_a^{100} = \left(1 - \dfrac{a}{100}\right)^5 < 0.05,$$

即

$$a > 100(1 - \sqrt[5]{0.05}) \approx 45.072.$$

因此,当该加油站的储油罐容量不低于 45.072 m³ 时,即可把一周内断油的概率控制在 5% 以下.

§2.5 常用的连续型随机变量的分布

一、均匀分布

定义 2.9 若连续型随机变量 X 的概率密度为

$$f(x) = \begin{cases} \dfrac{1}{b - a}, & a \leqslant x \leqslant b, \\ 0, & \text{其他}, \end{cases}$$

则称 X 服从区间 $[a, b]$ 上的**均匀分布**,记作 $X \sim U[a, b]$.

均匀分布的分布函数为

$$F(x) = \begin{cases} 0, & x < a, \\ \dfrac{x - a}{b - a}, & a \leqslant x \leqslant b, \\ 1, & x > b. \end{cases}$$

均匀分布的概率密度 $f(x)$ 和分布函数 $F(x)$ 的图形分别如图 2-4 和图 2-5 所示.

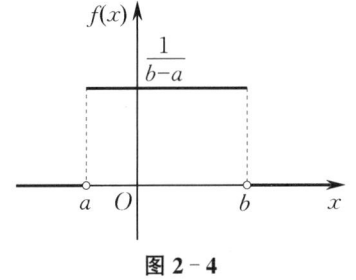

图 2-4

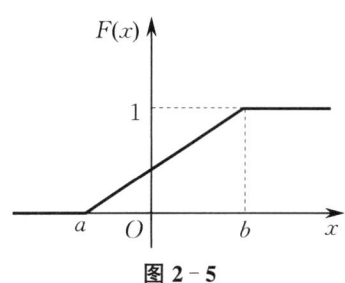

图 2-5

在区间$[a,b]$上服从均匀分布的随机变量X,具有下述意义的等可能性,即它落在区间$[a,b]$中任意等长度的子区间内的可能性是相同的,或者说它落在$[a,b]$中的子区间内的概率只依赖于子区间的长度,而与子区间的位置无关.事实上,对于任意长度为l的子区间$[c,c+l]$,$a\leqslant c<c+l\leqslant b$,有

$$P\{c\leqslant X\leqslant c+l\}=\int_c^{c+l}f(x)\mathrm{d}x=\int_c^{c+l}\frac{1}{b-a}\mathrm{d}x=\frac{l}{b-a}.$$

均匀分布可以作为描述具有上述等可能性的随机现象的数学模型,它在实际问题中较为常见.例如,在$[a,b]$上任取一个实数X,可以认为X服从$[a,b]$上的均匀分布.又如,在数值计算中常常四舍五入,所引起的误差X一般可以认为服从$[-0.5,0.5]$上的均匀分布.

例1 (候车问题)某车站从上午7点开始,每15 min来一辆车,如果某乘客在7点到7点半之间随机到达该车站,试求他等车的时间少于5 min的概率.

解 设该乘客于7点过X min到达车站,依题意有$X\sim U[0,30]$,X的概率密度为

$$f(x)=\begin{cases}\dfrac{1}{30}, & 0\leqslant x\leqslant 30,\\ 0, & \text{其他.}\end{cases}$$

显然,只有乘客在7:10到7:15之间或7:25到7:30之间到达车站时,他等车的时间才少于5 min,因此所求概率为

$$P\{10\leqslant X\leqslant 15\}+P\{25\leqslant X\leqslant 30\}=\int_{10}^{15}\frac{1}{30}\mathrm{d}x+\int_{25}^{30}\frac{1}{30}\mathrm{d}x=\frac{1}{3}.$$

二、指数分布

定义 2.10 若连续型随机变量X的概率密度为

$$f(x)=\begin{cases}\lambda\mathrm{e}^{-\lambda x}, & x>0,\\ 0, & x\leqslant 0,\end{cases}$$

其中$\lambda>0$且为常数,则称X服从参数为λ的**指数分布**,记作$X\sim E(\lambda)$.

指数分布的分布函数为

$$F(x)=\begin{cases}1-\mathrm{e}^{-\lambda x}, & x>0,\\ 0, & x\leqslant 0.\end{cases}$$

指数分布的概率密度$f(x)$和分布函数$F(x)$的图形分别如图2-6和图2-7所示.

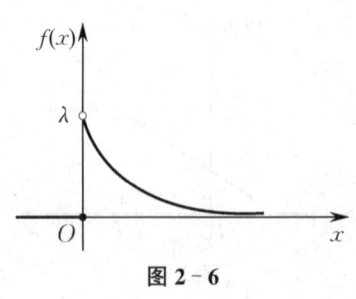

图 2-6

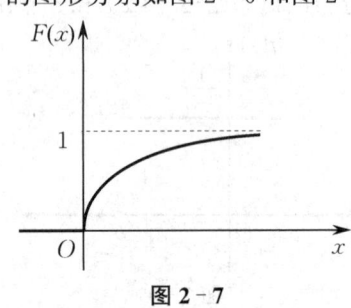

图 2-7

服从指数分布的随机变量 X 具有"无记忆性",即对任意 $s,t>0$,有
$$P\{X>s+t\,|\,X>s\}=P\{X>t\}. \tag{2-8}$$

证明 $P\{X>s+t\,|\,X>s\}=\dfrac{P\{X>s+t,X>s\}}{P\{X>s\}}=\dfrac{P\{X>s+t\}}{P\{X>s\}}$

$\qquad\qquad\qquad\qquad=\dfrac{1-F(s+t)}{1-F(s)}=\dfrac{e^{-\lambda(s+t)}}{e^{-\lambda s}}=e^{-\lambda t}=P\{X>t\}.$

如果 X 表示某一元件的使用寿命(单位:h),那么式(2-8)表明,在已知元件已使用了 s h 的条件下,它至少还能再使用 t h 的概率,与从开始使用时算起它至少能使用 t h 的概率相等.这就是说,元件对它已使用过 s h 没有记忆.实际上,这表明了该元件的损坏主要是由随机因素造成的,元件的衰老作用不明显.

正因为指数分布具有这一特性,所以人们常用指数分布来描述这类无老化寿命问题的数学模型.例如,电子元件的使用寿命、电话的通话时间、排队系统的服务时间等,都可以认为服从或近似服从指数分布.

当然,元件无老化是不可能的,因而只是一种近似.对于一些寿命较长的元件,其在初期阶段的老化现象不明显,于是在这一阶段,指数分布比较确切地描述了其寿命分布情况.

指数分布在可靠性理论与排队论中有广泛的应用.

例 2 (**电子元件的寿命问题**)已知某种电子元件的使用寿命 X(单位:h)服从指数分布,其概率密度为

$$f(x)=\begin{cases}\dfrac{1}{1\,000}e^{-\frac{x}{1\,000}}, & x>0,\\ 0, & x\leqslant 0.\end{cases}$$

求:

(1) 这种电子元件能使用 2 000 h 以上的概率;

(2) 这种电子元件已经使用了 1 000 h,还能使用 2 000 h 以上的概率.

解 X 的分布函数为

$$F(x)=\begin{cases}1-e^{-\frac{x}{1\,000}}, & x>0,\\ 0, & x\leqslant 0.\end{cases}$$

(1) 所求概率为

$$P\{X>2\,000\}=1-P\{X\leqslant 2\,000\}=1-F(2\,000)=e^{-2}.$$

(2) 所求概率为

$$P\{X>3\,000\,|\,X>1\,000\}=P\{X>2\,000\}=e^{-2}.$$

三、正态分布

正态分布

1. 正态分布的定义及性质

定义 2.11 若连续型随机变量 X 的概率密度为

$$f(x)=\frac{1}{\sqrt{2\pi}\sigma}\mathrm{e}^{-\frac{(x-\mu)^2}{2\sigma^2}} \quad (-\infty<x<+\infty), \tag{2-9}$$

其中 μ 和 $\sigma(\sigma>0)$ 为常数,则称 X 服从参数为 μ,σ^2 的**正态分布**,记作 $X\sim N(\mu,\sigma^2)$.

正态分布的分布函数为

高斯与正态分布

$$F(x)=\int_{-\infty}^{x}\frac{1}{\sqrt{2\pi}\sigma}\mathrm{e}^{-\frac{(t-\mu)^2}{2\sigma^2}}\mathrm{d}t \quad (-\infty<x<+\infty).$$

正态分布的概率密度 $f(x)$ 和分布函数 $F(x)$ 的图形分别如图 2-8 和图 2-9 所示.

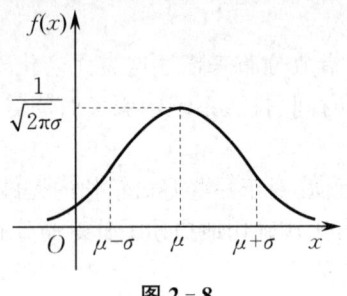

图 2-8

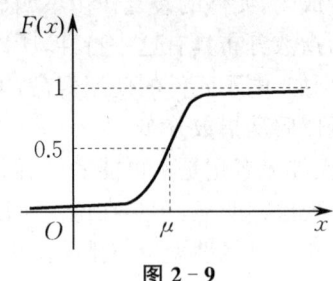

图 2-9

正态分布的概率密度 $f(x)$ 具有以下性质:

(1) 曲线 $y=f(x)$ 关于直线 $x=\mu$ 对称,在 $x=\mu\pm\sigma$ 处有拐点.

(2) 当 $x=\mu$ 时,$f(x)$ 取得最大值 $\dfrac{1}{\sqrt{2\pi}\sigma}$.

(3) 曲线 $y=f(x)$ 以 x 轴为其水平渐近线.

(4) 若固定 σ,改变 μ 的值,则曲线 $y=f(x)$ 的位置沿 x 轴平移,曲线形状不发生改变(见图 2-10).

(5) 若固定 μ,改变 σ 的值,则 σ 越小,曲线的峰顶越高,曲线越陡峭;σ 越大,曲线的峰顶越低,曲线越平坦(见图 2-11).

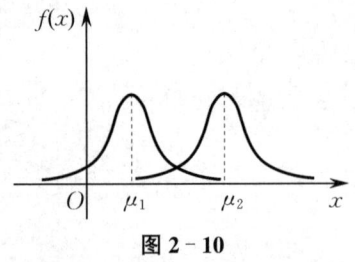

图 2-10

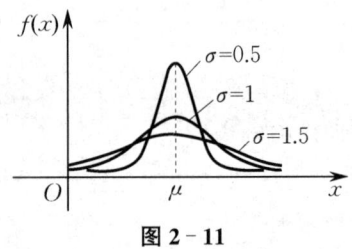

图 2-11

正态分布是自然界及工程技术中最常见的分布之一,大量的随机变量都是服从或近似服从正态分布的.可以证明,如果一个指标受到许多相互独立的随机因素的影响,且其中任何一个因素都不能起决定性作用,那么该指标服从或近似服从正态分布.例如,测量某零件长度的误差,人的身高或体重,产品的直径、长度、重量等都服从或近似服从正态分布.因此,正态分布在实际应用和理论研究中都占有十分重要的地位.

2. 标准正态分布及其计算

特别地,当 $\mu=0,\sigma=1$ 时的正态分布称为**标准正态分布**,记作 $X \sim N(0,1)$. 标准正态分布的概率密度和分布函数常用 $\varphi(x)$ 和 $\Phi(x)$ 来表示,即

$$\varphi(x)=\frac{1}{\sqrt{2\pi}}\mathrm{e}^{-\frac{x^2}{2}} \quad (-\infty<x<+\infty),$$

$$\Phi(x)=\int_{-\infty}^{x}\frac{1}{\sqrt{2\pi}}\mathrm{e}^{-\frac{t^2}{2}}\mathrm{d}t \quad (-\infty<x<+\infty).$$

标准正态分布的概率密度 $\varphi(x)$ 和分布函数 $\Phi(x)$ 的图形分别如图 2-12 和图 2-13 所示.

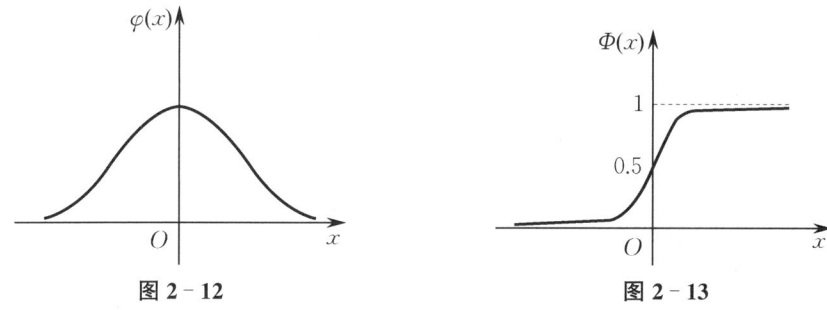

图 2-12   图 2-13

标准正态分布的概率密度 $\varphi(x)$ 和分布函数 $\Phi(x)$ 具有下列性质:
(1) $\varphi(-x)=\varphi(x)$;
(2) $\Phi(0)=0.5$;
(3) $\Phi(-x)=1-\Phi(x)$.

$\Phi(x)$ 的函数值可以查标准正态分布表(附表 1)来确定.

3. 一般正态分布的标准化

一般的正态分布可以通过线性变换转换为标准正态分布,即有如下定理.

定理 2.3   若 $X \sim N(\mu,\sigma^2)$,则

$$Y=\frac{X-\mu}{\sigma} \sim N(0,1).$$

证明   由于

$$P\{Y\leqslant y\}=P\left\{\frac{X-\mu}{\sigma}\leqslant y\right\}=P\{X\leqslant \mu+\sigma y\}=\int_{-\infty}^{\mu+\sigma y}\frac{1}{\sqrt{2\pi}\sigma}\mathrm{e}^{-\frac{(t-\mu)^2}{2\sigma^2}}\mathrm{d}t$$

$$\xrightarrow{\frac{t-\mu}{\sigma}=v}\frac{1}{\sqrt{2\pi}}\int_{-\infty}^{y}\mathrm{e}^{-\frac{v^2}{2}}\mathrm{d}v=\Phi(y),$$

因此 $Y=\dfrac{X-\mu}{\sigma} \sim N(0,1)$.

习惯上,我们称 $\dfrac{X-\mu}{\sigma}$ 为 X 的**标准化随机变量**.

由定理 2.3 可知,若 $X \sim N(\mu,\sigma^2)$,则它的分布函数 $F(x)$ 可写成

$$F(x) = P\{X \leqslant x\} = P\left\{\frac{X-\mu}{\sigma} \leqslant \frac{x-\mu}{\sigma}\right\} = \Phi\left(\frac{x-\mu}{\sigma}\right). \quad (2-10)$$

于是对于任意实数 $a, b (a < b)$,X 落在区间 $(a, b]$ 上的概率为

$$P\{a < X \leqslant b\} = F(b) - F(a) = \Phi\left(\frac{b-\mu}{\sigma}\right) - \Phi\left(\frac{a-\mu}{\sigma}\right).$$

根据上式可知,一般正态分布的概率计算问题可以转化为标准正态分布的概率计算问题.

例 3 设随机变量 $X \sim N(1, 2^2)$,求 $P\{0 < X < 1.6\}$ 及 $P\{X > 5\}$.

解 $P\{0 < X < 1.6\} = \Phi\left(\frac{1.6-1}{2}\right) - \Phi\left(\frac{0-1}{2}\right) = \Phi(0.3) - \Phi(-0.5)$

$\qquad = \Phi(0.3) - [1 - \Phi(0.5)] = 0.6179 - (1 - 0.6915) = 0.3094,$

$P\{X > 5\} = 1 - P\{X \leqslant 5\} = 1 - \Phi\left(\frac{5-1}{2}\right) = 1 - \Phi(2)$

$\qquad = 1 - 0.9772 = 0.0228.$

4. 正态分布的"3σ 法则"

设 $X \sim N(\mu, \sigma^2)$,由附表 1 可得

$$P\{\mu - \sigma < X < \mu + \sigma\} = \Phi(1) - \Phi(-1) = 2\Phi(1) - 1$$
$$= 2 \times 0.8413 - 1 = 0.6826,$$
$$P\{\mu - 2\sigma < X < \mu + 2\sigma\} = \Phi(2) - \Phi(-2) = 2\Phi(2) - 1$$
$$= 2 \times 0.9772 - 1 = 0.9544,$$
$$P\{\mu - 3\sigma < X < \mu + 3\sigma\} = \Phi(3) - \Phi(-3) = 2\Phi(3) - 1$$
$$= 2 \times 0.99865 - 1 = 0.9973,$$

如图 2-14 所示.

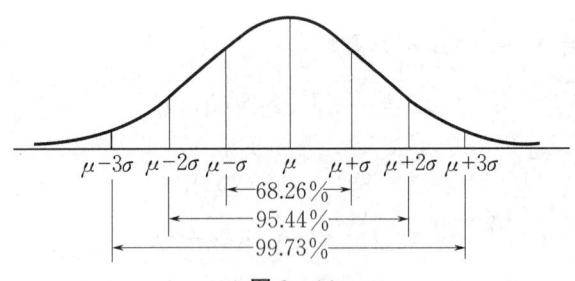

图 2-14

从图中可以看到,尽管正态随机变量的取值范围是 $(-\infty, +\infty)$,但它的值几乎全部落在区间 $(\mu - 3\sigma, \mu + 3\sigma)$ 内,这就是人们所说的"3σ **法则**".

例 4 (**公交车门高度设计**)城市公交汽车车门的高度是按男子与车门碰头的概率不超过 0.01 来设计的. 设男子身高(单位:cm)$X \sim N(170, 6^2)$,问:车门的高度应如何确定?

解 设公交汽车车门的高度为 h cm,则依题意有

$$P\{X \geqslant h\} = 1 - P\{X \leqslant h\} = 1 - \Phi\left(\frac{h-170}{6}\right) \leqslant 0.01,$$

即 $\Phi\left(\frac{h-170}{6}\right) \geqslant 0.99$. 查附表 1 得 $\Phi(2.33) = 0.9901 > 0.99$,所以 $\frac{h-170}{6} = 2.33$,解得 $h \approx 184$. 因此,车门的高度设计至少为 184 cm.

常用连续型随机变量的概率分布

为了便于今后在数理统计中的应用,我们引入标准正态分布的上 α 分位点的定义.

定义 2.12 设 $X \sim N(0,1)$. 对于给定的正数 $\alpha(0 < \alpha < 1)$,称满足条件

$$P\{X > z_\alpha\} = \int_{z_\alpha}^{+\infty} \varphi(x) \mathrm{d}x = \alpha$$

的点 z_α 为标准正态分布的**上 α 分位点**(见图 2-15).

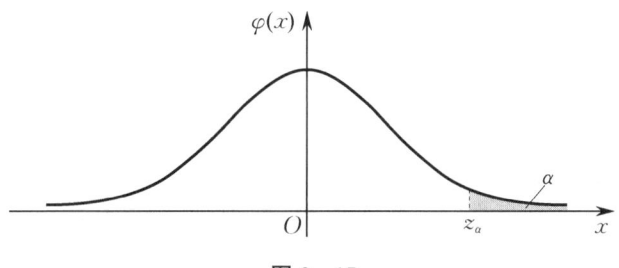

图 2-15

根据分布函数与上 α 分位点的定义知 $\Phi(z_\alpha) = 1 - \alpha$,由此关系式并查附表 1 可得标准正态分布的任意上 α 分位点. 例如,查附表 1 可得 $z_{0.05} = 1.645, z_{0.025} = 1.96$.

特别地,由标准正态分布概率密度的图形的对称性知 $z_{1-\alpha} = -z_\alpha$,例如,

$$z_{0.95} = -z_{0.05} = -1.645, \quad z_{0.975} = -z_{0.025} = -1.96.$$

§2.6 随机变量函数的分布

在许多实际问题中,我们常常对某些随机变量的函数更感兴趣. 例如,已知某工件横截面直径 d 的概率分布,求工件横截面积 $S = \frac{1}{4}\pi d^2$ 的分布;已知分子运动的速度 v 的概率分布,求其动能 $E = \frac{1}{2}mv^2$ 的分布. 这类问题都归结为以下数学问题:已知随机变量 X 的分布,要求 X 的函数 $Y = g(X)$ 的分布. 下面我们分离散型随机变量和连续型随机变量两种情况进行讨论.

一、离散型随机变量函数的分布

例1 设随机变量 X 的分布律如表2-5所示,求 $Y_1=X-1, Y_2=-2X, Y_3=X^2$ 的分布律.

表 2-5

X	-1	0	1	2	3
P	0.2	0.1	0.1	0.3	0.3

解 当 X 取值 $-1,0,1,2,3$ 时, $Y_i(i=1,2,3)$ 的取值及对应的概率如表2-6所示(由于 X 取值与 Y_i 取其对应值是两个同时发生的事件,因此两者具有相同的概率).

表 2-6

P	0.2	0.1	0.1	0.3	0.3
X	-1	0	1	2	3
$Y_1=X-1$	-2	-1	0	1	2
$Y_2=-2X$	2	0	-2	-4	-6
$Y_3=X^2$	1	0	1	4	9

将表 2-6 中取值相等的对应概率相加,便得到 $Y_i(i=1,2,3)$ 的分布律分别如表2-7、表2-8和表2-9所示.

表 2-7

Y_1	-2	-1	0	1	2
P	0.2	0.1	0.1	0.3	0.3

表 2-8

Y_2	-6	-4	-2	0	2
P	0.3	0.3	0.1	0.1	0.2

表 2-9

Y_3	0	1	4	9
P	0.1	0.3	0.3	0.3

二、连续型随机变量函数的分布

设 X 为连续型随机变量,其概率密度为 $f_X(x)$, $g(x)$ 为连续函数,则 $Y=g(X)$ 也是一个连续型随机变量,要求 Y 的概率密度 $f_Y(y)$,通常有分布函数法和公式法两种方法.

1. 分布函数法

分布函数法是通过先计算 Y 的分布函数 $F_Y(y)$，然后利用 $F_Y'(y) = f_Y(y)$，得到所求的 Y 的概率密度 $f_Y(y)$.

例 2 已知 $X \sim N(0,1)$，试求 $Y = \mathrm{e}^X$ 的概率密度 $f_Y(y)$.

解 由题意，X 的概率密度为

$$f_X(x) = \frac{1}{\sqrt{2\pi}} \mathrm{e}^{-\frac{x^2}{2}} \quad (-\infty < x < +\infty).$$

先求 Y 的分布函数 $F_Y(y)$.

由于 $Y = \mathrm{e}^X > 0$，因此当 $y \leqslant 0$ 时，事件"$Y \leqslant y$"的概率为 0，即

当 $y \leqslant 0$ 时，$F_Y(y) = P\{Y \leqslant y\} = 0$；

当 $y > 0$ 时，

$$F_Y(y) = P\{Y \leqslant y\} = P\{\mathrm{e}^X \leqslant y\} = P\{X \leqslant \ln y\}$$
$$= \int_{-\infty}^{\ln y} f_X(x) \mathrm{d}x = \int_{-\infty}^{\ln y} \frac{1}{\sqrt{2\pi}} \mathrm{e}^{-\frac{x^2}{2}} \mathrm{d}x.$$

再将 $F_Y(y)$ 关于 y 求导，得 Y 的概率密度为

$$f_Y(y) = \begin{cases} 0, & y \leqslant 0, \\ \dfrac{1}{\sqrt{2\pi}\, y} \mathrm{e}^{-\frac{\ln^2 y}{2}}, & y > 0. \end{cases}$$

例 3 设随机变量 X 的概率密度为

$$f_X(x) = \begin{cases} \dfrac{x}{8}, & 0 < x < 4, \\ 0, & \text{其他}, \end{cases}$$

试求 $Y = 2X + 8$ 的概率密度 $f_Y(y)$.

解 先求 Y 的分布函数 $F_Y(y)$.

对于函数 $y = 2x + 8$，当 $0 < x < 4$ 时，$8 < y < 16$，因此

当 $y \leqslant 8$ 时，$F_Y(y) = 0$；

当 $8 < y < 16$ 时，

$$F_Y(y) = P\{Y \leqslant y\} = P\{2X + 8 \leqslant y\} = P\left\{X \leqslant \frac{y-8}{2}\right\} = \int_0^{\frac{y-8}{2}} \frac{x}{8} \mathrm{d}x;$$

当 $y \geqslant 16$ 时，$F_Y(y) = 1$.

再将 $F_Y(y)$ 关于 y 求导，得 Y 的概率密度为

$$f_Y(y) = \begin{cases} \dfrac{y-8}{32}, & 8 < y < 16, \\ 0, & \text{其他}. \end{cases}$$

例4 已知随机变量 X 的概率密度 $f_X(x)$ 在 $(-\infty,+\infty)$ 内连续,试求 $Y=X^2$ 的概率密度 $f_Y(y)$.

解 先求 Y 的分布函数 $F_Y(y)$.

对于函数 $y=x^2$,当 $-\infty<x<+\infty$ 时,$y\geqslant 0$,因此

当 $y<0$ 时,$F_Y(y)=0$;

当 $y\geqslant 0$ 时,

$$F_Y(y)=P\{Y\leqslant y\}=P\{X^2\leqslant y\}=P\{-\sqrt{y}\leqslant X\leqslant \sqrt{y}\}=\int_{-\sqrt{y}}^{\sqrt{y}}f_X(x)\mathrm{d}x.$$

再将 $F_Y(y)$ 关于 y 求导,得 Y 的概率密度为

$$f_Y(y)=\begin{cases}\dfrac{1}{2\sqrt{y}}[f_X(\sqrt{y})+f_X(-\sqrt{y})], & y>0,\\ 0, & y\leqslant 0.\end{cases}$$

2. 公式法

定理 2.4 设 X 的概率密度为 $f_X(x)(-\infty<x<+\infty)$,又函数 $g(x)$ 处处可导且恒有 $g'(x)>0$(或恒有 $g'(x)<0$),则 $Y=g(X)$ 是连续型随机变量,其概率密度为

$$f_Y(y)=\begin{cases}f_X[h(y)]|h'(y)|, & \alpha<y<\beta,\\ 0, & \text{其他},\end{cases} \tag{2-11}$$

其中 $\alpha=\min\{g(-\infty),g(+\infty)\}$,$\beta=\max\{g(-\infty),g(+\infty)\}$,$h(y)$ 是 $g(x)$ 的反函数.

证明 我们只证 $g'(x)>0$ 的情况.

因 $g'(x)>0$,故 $g(x)$ 在 $-\infty<x<+\infty$ 上严格单调增加,它的反函数 $h(y)$ 存在,且在 (α,β) 内严格单调增加、可导.

现在先求 Y 的分布函数 $F_Y(y)$.

由于 $Y=g(X)$ 在 (α,β) 上取值,因此

当 $y\leqslant \alpha$ 时,$F_Y(y)=0$;

当 $y\geqslant \beta$ 时,$F_Y(y)=1$;

当 $\alpha<y<\beta$ 时,

$$F_Y(y)=P\{Y\leqslant y\}=P\{g(X)\leqslant y\}=P\{X\leqslant h(y)\}=\int_{-\infty}^{h(y)}f_X(x)\mathrm{d}x.$$

再将 $F_Y(y)$ 关于 y 求导,得 Y 的概率密度为

$$f_Y(y)=\begin{cases}f_X[h(y)]h'(y), & \alpha<y<\beta,\\ 0, & \text{其他}.\end{cases}$$

对 $g'(x)<0$ 的情况可以同样证明,此时有

$$f_Y(y)=\begin{cases}f_X[h(y)][-h'(y)], & \alpha<y<\beta,\\ 0, & \text{其他}.\end{cases}$$

将上面两种情况合并得

$$f_Y(y)=\begin{cases}f_X[h(y)]|h'(y)|, & \alpha<y<\beta,\\ 0, & \text{其他}.\end{cases}$$

注 若 $f_X(x)$ 在有限区间 $[a,b]$ 之外等于 0,则只须假设在 $[a,b]$ 上恒有 $g'(x)>0$(或恒有 $g'(x)<0$),定理 2.4 仍成立,此时
$$\alpha = \min\{g(a),g(b)\}, \quad \beta = \max\{g(a),g(b)\}.$$

例 5 设随机变量 X 的概率密度为
$$f_X(x) = \begin{cases} e^{-x}, & x \geq 0, \\ 0, & x < 0, \end{cases}$$
求 $Y = e^X$ 的概率密度 $f_Y(y)$.

解 当 $x \geq 0$ 时,函数 $y = g(x) = e^x$ 严格单调增加,其反函数为 $x = h(y) = \ln y$,且 $h'(y) = \dfrac{1}{y}$. 当 $x \geq 0$ 时,$y \geq 1$,故由式(2-11)得
$$f_Y(y) = \begin{cases} e^{-\ln y} \cdot \dfrac{1}{|y|}, & y \geq 1, \\ 0, & \text{其他} \end{cases} = \begin{cases} \dfrac{1}{y^2}, & y \geq 1, \\ 0, & \text{其他}. \end{cases}$$

习题二

1. 设随机变量 X 的分布律为
$$P\{X=k\} = \dfrac{a}{2^k} \quad (k=1,2,3),$$
求常数 a 的值.

2. 设随机变量 X 的分布律为
$$P\{X=k\} = a\dfrac{\lambda^k}{k!} \quad (k=0,1,2,\cdots),$$
其中 $\lambda > 0$ 且为常数,试确定常数 a 的值.

3. 设有 10 台独立运转的机器,在一天内每台机器出故障的概率都是 0.15,试求一天内出故障的机器的台数不超过 2 的概率.

4. 某教科书印刷了 2 000 册,因装订等原因造成印刷错误的概率为 0.001,试求在这 2 000 册书中恰有 5 册有印刷错误的概率.

5. 设随机变量 X 的概率密度为
$$f(x) = \begin{cases} ax + \dfrac{1}{2}, & 0 \leq x \leq 1, \\ 0, & \text{其他}, \end{cases}$$
求:
(1) 常数 a 的值;
(2) X 的分布函数 $F(x)$;
(3) $P\left\{\dfrac{1}{4} < X \leq \dfrac{1}{2}\right\}$.

6. 设 X 表示某商店从早晨开始营业起直到第一位顾客到达的时间(单位:min),其分布函数为
$$F_X(x)=\begin{cases}1-e^{-0.4x}, & x>0,\\ 0, & \text{其他},\end{cases}$$
求:

(1) $P\{X\leqslant 3\}$;

(2) $P\{X\geqslant 4\}$;

(3) $P\{3\leqslant X\leqslant 4\}$;

(4) $P\{X=2.5\}$;

(5) $P\{X\leqslant 3 \text{ 或 } X\geqslant 4\}$.

7. 设顾客在某银行窗口等待服务的时间(单位:min) X 服从指数分布,其概率密度为
$$f(x)=\begin{cases}\dfrac{1}{5}e^{-\frac{x}{5}}, & x>0,\\ 0, & \text{其他}.\end{cases}$$
已知某顾客每月要去银行 5 次办理业务,若每次等待的时间超过 10 min 他就离开. 以 Y 表示一个月内他未等到服务而离开窗口的次数,求:

(1) Y 的分布律;

(2) $P\{Y\geqslant 1\}$.

8. 设随机变量 X 在 $[-a,a]$ 上服从均匀分布,其中 $a>1$,试分别确定满足下列关系的常数 a 的值:

(1) $P\{X>1\}=\dfrac{1}{3}$;

(2) $P\{|X|<1\}=P\{|X|>1\}$.

9. 设随机变量 $X\sim B(2,p)$,$Y\sim B(3,p)$,若 $P\{X\geqslant 1\}=\dfrac{5}{9}$,求 $P\{Y\geqslant 1\}$.

10. 某地抽样调查考生的数学成绩(单位:分)为随机变量 $X\sim N(72,\sigma^2)$,且 96 分以上的考生占考生总数的 2.3%,试求考生的数学成绩在 60 分到 84 分之间的概率.

11. 设随机变量 X 的概率密度为
$$f_X(x)=\begin{cases}2(1-x), & 0<x<1,\\ 0, & \text{其他},\end{cases}$$
求下列随机变量 Y 的概率密度 $f_Y(y)$:

(1) $Y=3X$;

(2) $Y=3-X$;

(3) $Y=X^2$.

12. 设随机变量 X 的概率密度为

$$f_X(x) = \begin{cases} \dfrac{2}{\pi(1+x^2)}, & x > 0, \\ 0, & x \leqslant 0, \end{cases}$$

求随机变量 $Y = \ln X$ 的概率密度 $f_Y(y)$.

13. 设随机变量 X 的概率密度为

$$f_X(x) = \begin{cases} \dfrac{1}{8}(x+2), & -2 < x < 2, \\ 0, & 其他, \end{cases}$$

求随机变量 $Y = X^2$ 的概率密度 $f_Y(y)$.

第三章

多维随机变量及其分布

在 第二章中,我们仅限于讨论能用一个随机变量所描述的随机现象,但在实际问题中,许多随机试验的结果仅用一个随机变量难以确切地描述,需要引入两个或两个以上的随机变量来描述. 例如,打靶时,命中点的确切位置就需要一对随机变量(X,Y)(命中点与靶心的水平距离和垂直距离)来刻画. 又如,飞机的重心在空中的位置就需要由 3 个随机变量(X,Y,Z)(经度、纬度、高度)来确定. 因此,我们需要引入多维随机变量的概念. 由于对二维随机变量的讨论不难推广到二维以上随机变量的情形,因此本章将重点讨论二维随机变量.

学习目标与知识结构

本章主要介绍二维随机变量的概念及其分布,包括二维离散型随机变量和二维连续型随机变量的分布、随机变量的独立性、二维随机变量函数的分布.

§3.1 二维随机变量及其联合分布函数

一、二维随机变量的概念

定义 3.1 设随机试验 E 的样本空间为 Ω,若对于 Ω 中的每一个元素 e,都有一对有序实数$(X(e),Y(e))$与之对应,则称$(X(e),Y(e))$为**二维随机变量**,简记为(X,Y).

类似地,可以定义 n 维随机变量.

二、联合分布函数的定义

定义 3.2 设(X,Y)为二维随机变量,x,y 为任意实数,则称二元函数
$$F(x,y)=P\{X\leqslant x,Y\leqslant y\}$$
为(X,Y)的**联合分布函数**,简称**分布函数**.

$F(x,y)$在点(x,y)处的函数值的几何意义是二维随机点(X,Y)落在以(x,y)为右上顶点的左下方无穷区域内的概率(见图 3-1).

依照上述解释,借助图 3-2,不难推知
$$P\{x_1 < X \leqslant x_2, y_1 < Y \leqslant y_2\} = F(x_2, y_2) - F(x_1, y_2) - F(x_2, y_1) + F(x_1, y_1).$$
(3-1)

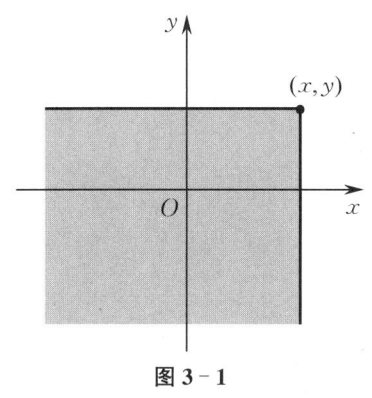

图 3-1

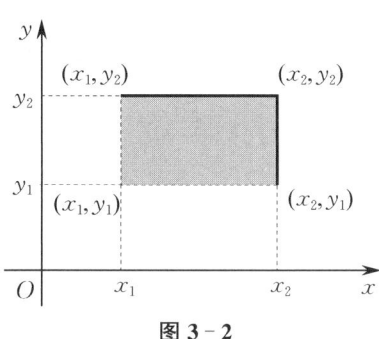

图 3-2

三、联合分布函数的性质

与一维随机变量的分布函数的性质类似,二维随机变量的联合分布函数具有如下性质:

性质 1 $0 \leqslant F(x, y) \leqslant 1$,且
$$F(+\infty, +\infty) = 1, \quad F(-\infty, y) = F(x, -\infty) = F(-\infty, -\infty) = 0.$$

性质 2 $F(x, y)$ 关于 x 或关于 y 都是单调不减的函数,即

对于任意固定的 x,当 $y_1 \leqslant y_2$ 时,有
$$F(x, y_1) \leqslant F(x, y_2);$$
对于任意固定的 y,当 $x_1 \leqslant x_2$ 时,有
$$F(x_1, y) \leqslant F(x_2, y).$$

性质 3 $F(x, y)$ 关于 x 或关于 y 都是右连续的,即
$$F(x+0, y) = F(x, y), \quad F(x, y+0) = F(x, y).$$

性质 4 对于任意实数 $x_1 < x_2, y_1 < y_2$,由式(3-1)可知
$$F(x_2, y_2) - F(x_1, y_2) - F(x_2, y_1) + F(x_1, y_1) \geqslant 0.$$

四、边缘分布函数

若已知二维随机变量 (X, Y) 的联合分布函数为 $F(x, y)$,则随机变量 X 和 Y 各自的分布函数 $F_X(x)$ 和 $F_Y(y)$ 可由 $F(x, y)$ 求得,即
$$F_X(x) = P\{X \leqslant x\} = P\{X \leqslant x, Y < +\infty\} = F(x, +\infty), \tag{3-2}$$
$$F_Y(y) = P\{Y \leqslant y\} = P\{X < +\infty, Y \leqslant y\} = F(+\infty, y). \tag{3-3}$$
$F_X(x)$ 和 $F_Y(y)$ 分别称为二维随机变量 (X, Y) 关于 X 和 Y 的**边缘分布函数**.

例 1 设二维随机变量 (X, Y) 的联合分布函数为

$$F(x,y)=\begin{cases}(1-\mathrm{e}^{-2x})(1-\mathrm{e}^{-3y}),&x>0,y>0,\\0,&\text{其他},\end{cases}$$

求边缘分布函数 $F_X(x)$ 和 $F_Y(y)$.

解 当 $x>0$ 时,
$$F_X(x)=F(x,+\infty)=\lim_{y\to+\infty}(1-\mathrm{e}^{-2x})(1-\mathrm{e}^{-3y})=1-\mathrm{e}^{-2x};$$

当 $x\leqslant 0$ 时,$F_X(x)=F(x,+\infty)=0$. 因此
$$F_X(x)=\begin{cases}1-\mathrm{e}^{-2x},&x>0,\\0,&x\leqslant 0.\end{cases}$$

同理可得
$$F_Y(y)=\begin{cases}1-\mathrm{e}^{-3y},&y>0,\\0,&y\leqslant 0.\end{cases}$$

§3.2 二维离散型随机变量

一、联合分布律

定义 3.3 若二维随机变量 (X,Y) 的所有可能取值只有有限多个或可列无穷多个,则称 (X,Y) 为**二维离散型随机变量**.

定义 3.4 设 (X,Y) 为二维离散型随机变量,其所有可能取值为 $(x_i,y_j)(i,j=1,2,\cdots)$,并且取各个值对应的概率为 p_{ij},即
$$P\{X=x_i,Y=y_j\}=p_{ij},$$
则称上式为二维离散型随机变量 (X,Y) 的**联合分布律**,简称为 (X,Y) 的**分布律**.

联合分布律也常用表格形式来表示,如表 3-1 所示.

表 3-1

X	Y				
	y_1	y_2	$\cdots$	y_j	$\cdots$
x_1	p_{11}	p_{12}	$\cdots$	p_{1j}	$\cdots$
x_2	p_{21}	p_{22}	$\cdots$	p_{2j}	$\cdots$
$\vdots$	$\vdots$	$\vdots$		$\vdots$	
x_i	p_{i1}	p_{i2}	$\cdots$	p_{ij}	$\cdots$
$\vdots$	$\vdots$	$\vdots$		$\vdots$	

易见,联合分布律有如下基本性质:

性质 1(非负性) $p_{ij} \geqslant 0 (i,j=1,2,\cdots)$.

性质 2(归一性) $\sum_i \sum_j p_{ij} = 1$.

当(X,Y)为二维离散型随机变量时,由其联合分布律可求得联合分布函数为
$$F(x,y) = P\{X \leqslant x, Y \leqslant y\} = \sum_{x_i \leqslant x} \sum_{y_j \leqslant y} P\{X=x_i, Y=y_j\} = \sum_{x_i \leqslant x} \sum_{y_j \leqslant y} p_{ij}.$$

例 1 设某盒内有2个白球,3个红球,现从中随机抽取2次,每次抽取1个球. 令
$$X = \begin{cases} 0, & \text{第1次取得红球,} \\ 1, & \text{第1次取得白球,} \end{cases} \quad Y = \begin{cases} 0, & \text{第2次取得红球,} \\ 1, & \text{第2次取得白球,} \end{cases}$$
分别就以下两种情形求(X,Y)的联合分布律:

(1) 有放回抽取;

(2) 无放回抽取.

解 (X,Y)的所有可能取值为$(0,0),(0,1),(1,0),(1,1)$.

(1) 有放回抽取时,事件$\{X=i\}$与事件$\{Y=j\}$相互独立,则
$$P\{X=i, Y=j\} = P\{X=i\}P\{Y=j\} \quad (i,j=0,1),$$
因此
$$P\{X=0, Y=0\} = \frac{3}{5} \times \frac{3}{5} = \frac{9}{25}, \quad P\{X=0, Y=1\} = \frac{3}{5} \times \frac{2}{5} = \frac{6}{25},$$
$$P\{X=1, Y=0\} = \frac{2}{5} \times \frac{3}{5} = \frac{6}{25}, \quad P\{X=1, Y=1\} = \frac{2}{5} \times \frac{2}{5} = \frac{4}{25},$$
从而(X,Y)的联合分布律如表3-2所示.

(2) 无放回抽取时,事件$\{X=i\}$与事件$\{Y=j\}$不相互独立,则
$$P\{X=i, Y=j\} = P\{X=i\}P\{Y=j \mid X=i\} \quad (i,j=0,1),$$
因此
$$P\{X=0, Y=0\} = \frac{3}{5} \times \frac{2}{4} = \frac{3}{10}, \quad P\{X=0, Y=1\} = \frac{3}{5} \times \frac{2}{4} = \frac{3}{10},$$
$$P\{X=1, Y=0\} = \frac{2}{5} \times \frac{3}{4} = \frac{3}{10}, \quad P\{X=1, Y=1\} = \frac{2}{5} \times \frac{1}{4} = \frac{1}{10},$$
从而(X,Y)的联合分布律如表3-3所示.

表 3-2

X	Y	
	0	1
0	$\frac{9}{25}$	$\frac{6}{25}$
1	$\frac{6}{25}$	$\frac{4}{25}$

表 3-3

X	Y	
	0	1
0	$\frac{3}{10}$	$\frac{3}{10}$
1	$\frac{3}{10}$	$\frac{1}{10}$

二、边缘分布律

设二维离散型随机变量 (X,Y) 的联合分布律为
$$P\{X=x_i, Y=y_j\} = p_{ij} \quad (i,j=1,2,\cdots),$$
则可以确定出其两个分量 X 及 Y 各自的分布律. 容易得到 X 的分布律为
$$P\{X=x_i\} = \sum_{j=1}^{\infty} p_{ij} \triangleq p_{i\cdot} \quad (i=1,2,\cdots);$$
Y 的分布律为
$$P\{Y=y_j\} = \sum_{i=1}^{\infty} p_{ij} \triangleq p_{\cdot j} \quad (j=1,2,\cdots).$$
$P\{X=x_i\} = p_{i\cdot}(i=1,2,\cdots)$ 及 $P\{Y=y_j\} = p_{\cdot j}(j=1,2,\cdots)$ 分别称为 (X,Y) 关于 X 及 Y 的**边缘分布律**.

(X,Y) 的联合分布律和边缘分布律常用表格形式来表示, 如表 3-4 所示.

表 3-4

X	Y					$P\{X=x_i\}$
	y_1	y_2	$\cdots$	y_j	$\cdots$	
x_1	p_{11}	p_{12}	$\cdots$	p_{1j}	$\cdots$	$p_{1\cdot}$
x_2	p_{21}	p_{22}	$\cdots$	p_{2j}	$\cdots$	$p_{2\cdot}$
$\vdots$	$\vdots$	$\vdots$		$\vdots$		$\vdots$
x_i	p_{i1}	p_{i2}	$\cdots$	p_{ij}	$\cdots$	$p_{i\cdot}$
$\vdots$	$\vdots$	$\vdots$		$\vdots$		
$P\{Y=y_j\}$	$p_{\cdot 1}$	$p_{\cdot 2}$	$\cdots$	$p_{\cdot j}$	$\cdots$	1

由表 3-4 可得 (X,Y) 关于 X 及 Y 的边缘分布律分别如表 3-5 和表 3-6 所示.

表 3-5

X	x_1	x_2	$\cdots$	x_i	$\cdots$
P	$p_{1\cdot}$	$p_{2\cdot}$	$\cdots$	$p_{i\cdot}$	$\cdots$

表 3-6

Y	y_1	y_2	$\cdots$	y_j	$\cdots$
P	$p_{\cdot 1}$	$p_{\cdot 2}$	$\cdots$	$p_{\cdot j}$	$\cdots$

例 2 在例 1 的条件下,分别就以下两种情形求 (X,Y) 的边缘分布律:
(1) 有放回抽取;
(2) 无放回抽取.

解 (1) 有放回抽取时, (X,Y) 的联合分布律及边缘分布律如表 3-7 所示.

表 3-7

X	Y		$P\{X=x_i\}$
	0	1	
0	$\frac{9}{25}$	$\frac{6}{25}$	$\frac{3}{5}$
1	$\frac{6}{25}$	$\frac{4}{25}$	$\frac{2}{5}$
$P\{Y=y_j\}$	$\frac{3}{5}$	$\frac{2}{5}$	1

由表 3-7 可得 (X,Y) 关于 X 及 Y 的边缘分布律分别如表 3-8 和表 3-9 所示.

表 3-8

X	0	1
P	$\frac{3}{5}$	$\frac{2}{5}$

表 3-9

Y	0	1
P	$\frac{3}{5}$	$\frac{2}{5}$

(2) 无放回抽取时,(X,Y) 的联合分布律及边缘分布律如表 3-10 所示.

表 3-10

X	Y		$P\{X=x_i\}$
	0	1	
0	$\frac{3}{10}$	$\frac{3}{10}$	$\frac{3}{5}$
1	$\frac{3}{10}$	$\frac{1}{10}$	$\frac{2}{5}$
$P\{Y=y_j\}$	$\frac{3}{5}$	$\frac{2}{5}$	1

由表 3-10 可得 (X,Y) 关于 X 及 Y 的边缘分布律分别如表 3-11 和表 3-12 所示.

表 3-11

X	0	1
P	$\frac{3}{5}$	$\frac{2}{5}$

表 3-12

Y	0	1
P	$\frac{3}{5}$	$\frac{2}{5}$

由例 2 可以看出,两种不同的抽取方式下,(X,Y) 的两个边缘分布律完全相同,但 (X,Y) 的联合分布律却不同. 由此可见,由联合分布律可以确定边缘分布律,反之则不成立. 那么,在什么情况下,由边缘分布律可以确定联合分布律呢? 我们将在 §3.4 中进一步讨论.

 二维连续型随机变量

二维连续型
随机变量及其
联合分布函数

与一维连续型随机变量类似,本节引入联合概率密度来描述二维连续型随机变量 (X,Y) 的概率分布规律.

一、联合概率密度

定义 3.5 对于二维随机变量 (X,Y) 的分布函数 $F(x,y)$,若存在一个非负可积函数 $f(x,y)$,使得对于任意实数 x,y,有

$$F(x,y) = \int_{-\infty}^{x} \int_{-\infty}^{y} f(u,v) \mathrm{d}u \mathrm{d}v,$$

则称 (X,Y) 为**二维连续型随机变量**,其中 $f(x,y)$ 称为 (X,Y) 的**联合概率密度**,简称**概率密度**.

联合概率密度 $f(x,y)$ 具有以下性质.

性质 1(非负性) $f(x,y) \geqslant 0$.

性质 2(归一性) $\int_{-\infty}^{+\infty} \int_{-\infty}^{+\infty} f(x,y) \mathrm{d}x \mathrm{d}y = 1$.

反之,满足上述两个性质的任意函数,一定可以作为某二维连续型随机变量的联合概率密度.

性质 3 设 D 是 xOy 平面上的一个区域(见图 3-3),则随机点 (X,Y) 落在 D 内的概率为

$$P\{(X,Y) \in D\} = \iint_D f(x,y) \mathrm{d}x \mathrm{d}y. \tag{3-4}$$

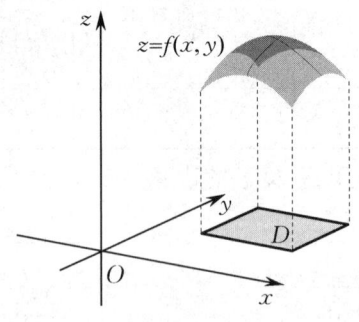

图 3-3

性质 3 的几何意义是:$P\{(X,Y) \in D\}$ 的值等于以区域 D 为底、以曲面 $z = f(x,y)$ 为顶的曲顶柱体的体积.

性质 4 若 $f(x,y)$ 在点 (x,y) 处连续,则有

$$\frac{\partial^2 F(x,y)}{\partial x \partial y} = f(x,y).$$

例 1 已知二维连续型随机变量 (X,Y) 的联合概率密度为

$$f(x,y) = \begin{cases} Axy, & 0 \leqslant x \leqslant 1, 0 \leqslant y \leqslant 1, \\ 0, & \text{其他}, \end{cases}$$

求:

(1) 常数 A 的值；

(2) $P\left\{X \leqslant \dfrac{1}{2}, Y \leqslant \dfrac{1}{3}\right\}$；

(3) $P\{X \leqslant Y\}$.

解 (1) 由联合概率密度的归一性知
$$\int_{-\infty}^{+\infty}\int_{-\infty}^{+\infty} f(x,y)\mathrm{d}x\mathrm{d}y = A\int_0^1 x\mathrm{d}x\int_0^1 y\mathrm{d}y = \dfrac{A}{4} = 1,$$
故 $A = 4$.

(2) 将 (X,Y) 看作 xOy 平面上随机点的坐标,则有 $P\left\{X \leqslant \dfrac{1}{2}, Y \leqslant \dfrac{1}{3}\right\} = P\{(X,Y) \in D_1\}$,其中 D_1 为直线 $x = \dfrac{1}{2}$ 和 $y = \dfrac{1}{3}$ 及其左下方部分(见图 3-4). 于是
$$P\left\{X \leqslant \dfrac{1}{2}, Y \leqslant \dfrac{1}{3}\right\} = \int_{-\infty}^{\frac{1}{2}}\int_{-\infty}^{\frac{1}{3}} f(x,y)\mathrm{d}x\mathrm{d}y = 4\int_0^{\frac{1}{2}} x\mathrm{d}x\int_0^{\frac{1}{3}} y\mathrm{d}y = \dfrac{1}{36}.$$

(3) 设 $P\{X \leqslant Y\} = P\{(X,Y) \in D_2\}$,其中 D_2 为直线 $y = x$ 及其左上方部分(见图 3-5). 于是
$$P\{X \leqslant Y\} = \iint_{D_2} f(x,y)\mathrm{d}x\mathrm{d}y = 4\int_0^1 x\mathrm{d}x\int_x^1 y\mathrm{d}y = 2\int_0^1 (x - x^3)\mathrm{d}x = \dfrac{1}{2}.$$

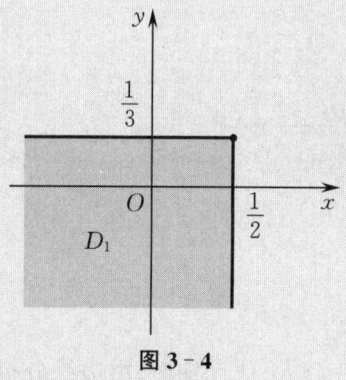

图 3-4

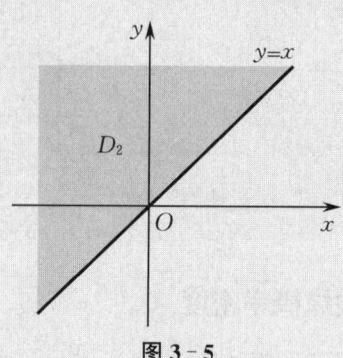

图 3-5

例 2 设二维连续型随机变量 (X,Y) 的联合概率密度为
$$f(x,y) = \begin{cases} c\mathrm{e}^{-(x+y)}, & x > 0, y > 0, \\ 0, & \text{其他}, \end{cases}$$

求：

(1) 常数 c 的值；

(2) 联合分布函数 $F(x,y)$；

(3) $P\{X + Y \leqslant 1\}$.

解 (1) 由联合概率密度的归一性知
$$\int_{-\infty}^{+\infty}\int_{-\infty}^{+\infty} f(x,y)\mathrm{d}x\mathrm{d}y = c\int_0^{+\infty}\int_0^{+\infty} \mathrm{e}^{-(x+y)}\mathrm{d}x\mathrm{d}y = c\int_0^{+\infty} \mathrm{e}^{-x}\mathrm{d}x\int_0^{+\infty} \mathrm{e}^{-y}\mathrm{d}y = c = 1,$$

即 $c=1$.

(2) 当 $x \leqslant 0$ 或 $y \leqslant 0$ 时,
$$F(x,y)=0;$$
当 $x>0$ 且 $y>0$ 时,
$$F(x,y)=\int_0^x e^{-u}du \int_0^y e^{-v}dv=(1-e^{-x})(1-e^{-y}).$$
故联合分布函数为
$$F(x,y)=\begin{cases}(1-e^{-x})(1-e^{-y}), & x>0, y>0, \\ 0, & \text{其他}.\end{cases}$$

(3) 设 $P\{X+Y \leqslant 1\}=P\{(X,Y) \in D\}$, 其中 D 为由 x 轴、y 轴及直线 $x+y=1$ 所围成的三角形区域(见图 3-6). 于是
$$P\{X+Y \leqslant 1\}=\iint_D f(x,y)dxdy=\int_0^1 e^{-x}dx \int_0^{1-x} e^{-y}dy$$
$$=\int_0^1 (e^{-x}-e^{-1})dx=1-\frac{2}{e}.$$

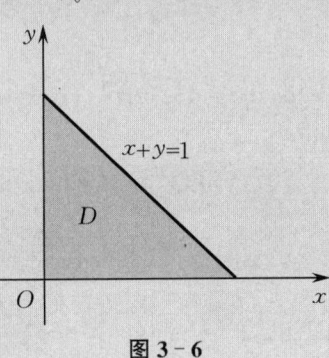

图 3-6

二、边缘概率密度

当二维连续型随机变量 (X,Y) 的联合概率密度 $f(x,y)$ 已知时, 由边缘分布函数及联合概率密度的定义, 有
$$F_X(x)=P\{X \leqslant x\}=P\{X \leqslant x, Y<+\infty\}=\int_{-\infty}^x \int_{-\infty}^{+\infty} f(u,v)dudv$$
$$=\int_{-\infty}^x \left[\int_{-\infty}^{+\infty} f(u,v)dv\right]du.$$
由一维随机变量的分布函数的定义知, X 是一个连续型随机变量, 且其概率密度为
$$f_X(x)=\int_{-\infty}^{+\infty} f(x,y)dy. \tag{3-5}$$
同理, Y 也是一个连续型随机变量, 其概率密度为
$$f_Y(y)=\int_{-\infty}^{+\infty} f(x,y)dx. \tag{3-6}$$
$f_X(x), f_Y(y)$ 分别称为 (X,Y) 关于 X 和 Y 的**边缘概率密度**.

例 3 求例 1 中 (X,Y) 的两个边缘概率密度 $f_X(x)$ 和 $f_Y(y)$.

解 (X,Y) 的联合概率密度为

$$f(x,y) = \begin{cases} 4xy, & 0 \leqslant x \leqslant 1, 0 \leqslant y \leqslant 1, \\ 0, & \text{其他}. \end{cases}$$

当 $0 \leqslant x \leqslant 1$ 时,

$$f_X(x) = \int_{-\infty}^{+\infty} f(x,y)\mathrm{d}y = \int_0^1 f(x,y)\mathrm{d}y = \int_0^1 4xy\,\mathrm{d}y = 2x;$$

当 $x < 0$ 或 $x > 1$ 时,

$$f_X(x) = \int_{-\infty}^{+\infty} f(x,y)\mathrm{d}y = 0.$$

所以

$$f_X(x) = \begin{cases} 2x, & 0 \leqslant x \leqslant 1, \\ 0, & \text{其他}. \end{cases}$$

同理可得

$$f_Y(y) = \begin{cases} 2y, & 0 \leqslant y \leqslant 1, \\ 0, & \text{其他}. \end{cases}$$

例 4 设 (X,Y) 的联合概率密度为

$$f(x,y) = \begin{cases} 6, & x^2 \leqslant y \leqslant x, \\ 0, & \text{其他}, \end{cases}$$

区域 $D = \{(x,y) \mid x^2 \leqslant y \leqslant x\}$ 如图 3-7 所示,求边缘概率密度 $f_X(x)$ 和 $f_Y(y)$.

解 当 $0 \leqslant x \leqslant 1$ 时,

$$f_X(x) = \int_{-\infty}^{+\infty} f(x,y)\mathrm{d}y = \int_{-\infty}^{x^2} 0\mathrm{d}y + \int_{x^2}^{x} 6\mathrm{d}y + \int_{x}^{+\infty} 0\mathrm{d}y = 6(x - x^2);$$

当 $x < 0$ 或 $x > 1$ 时,

$$f_X(x) = \int_{-\infty}^{+\infty} 0\mathrm{d}y = 0.$$

所以

$$f_X(x) = \begin{cases} 6(x - x^2), & 0 \leqslant x \leqslant 1, \\ 0, & \text{其他}. \end{cases}$$

同理可得

$$f_Y(y) = \begin{cases} 6(\sqrt{y} - y), & 0 \leqslant y \leqslant 1, \\ 0, & \text{其他}. \end{cases}$$

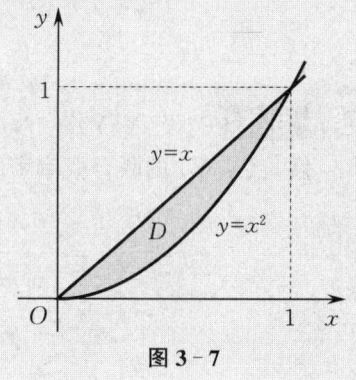

图 3-7

三、常见的二维连续型随机变量的分布

1. 二维均匀分布

若二维随机变量 (X,Y) 的联合概率密度为

$$f(x,y) = \begin{cases} \dfrac{1}{d}, & (x,y) \in D, \\ 0, & \text{其他}, \end{cases}$$

其中 d 为平面区域 D 的面积($0 < d < +\infty$),则称 (X,Y) 服从区域 D 上的**二维均匀分布**,记作 $(X,Y) \sim U(D)$.

2. 二维正态分布

若二维随机变量 (X,Y) 的联合概率密度为

$$f(x,y) = \frac{1}{2\pi\sigma_1\sigma_2\sqrt{1-\rho^2}} e^{-\frac{1}{2(1-\rho^2)}\left[\frac{(x-\mu_1)^2}{\sigma_1^2} - \frac{2\rho(x-\mu_1)(y-\mu_2)}{\sigma_1\sigma_2} + \frac{(y-\mu_2)^2}{\sigma_2^2}\right]}$$

$$(-\infty < x < +\infty, -\infty < y < +\infty),$$

其中 $\mu_1, \mu_2, \sigma_1, \sigma_2, \rho$ 都是常数,且 $\sigma_1 > 0, \sigma_2 > 0, -1 < \rho < 1$,则称 (X,Y) 服从参数为 $\mu_1, \mu_2, \sigma_1, \sigma_2, \rho$ 的**二维正态分布**,记作 $(X,Y) \sim N(\mu_1, \mu_2, \sigma_1^2, \sigma_2^2, \rho)$.

二维正态分布的联合概率密度的图形如图 3-8 所示.

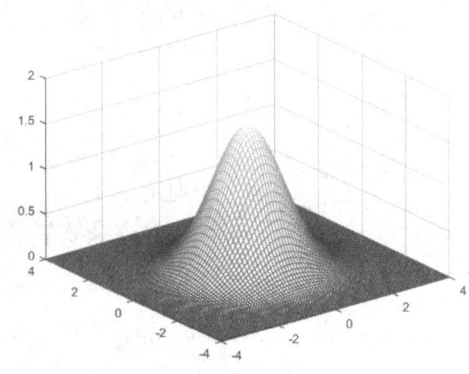

图 3-8

例 5 设 $(X,Y) \sim N(\mu_1, \mu_2, \sigma_1^2, \sigma_2^2, \rho)$,求边缘概率密度 $f_X(x)$ 和 $f_Y(y)$.

解 (X,Y) 的联合概率密度为

$$f(x,y) = \frac{1}{2\pi\sigma_1\sigma_2\sqrt{1-\rho^2}} e^{-\frac{1}{2(1-\rho^2)}\left[\frac{(x-\mu_1)^2}{\sigma_1^2} - \frac{2\rho(x-\mu_1)(y-\mu_2)}{\sigma_1\sigma_2} + \frac{(y-\mu_2)^2}{\sigma_2^2}\right]}$$

$$(-\infty < x < +\infty, -\infty < y < +\infty).$$

令 $\dfrac{x-\mu_1}{\sigma_1} = u, \dfrac{y-\mu_2}{\sigma_2} = v$,则

$$f_X(x) = \int_{-\infty}^{+\infty} f(x,y)\mathrm{d}y = \int_{-\infty}^{+\infty} \frac{1}{2\pi\sigma_1\sqrt{1-\rho^2}} e^{-\frac{1}{2(1-\rho^2)}(u^2 - 2\rho uv + v^2)} \mathrm{d}v$$

$$= \frac{1}{\sqrt{2\pi}\sigma_1} \int_{-\infty}^{+\infty} \frac{1}{\sqrt{2\pi(1-\rho^2)}} e^{-\frac{1}{2(1-\rho^2)}[(v-\rho u)^2 + (1-\rho^2)u^2]} \mathrm{d}v$$

$$= \frac{1}{\sqrt{2\pi}\sigma_1} e^{-\frac{u^2}{2}} \int_{-\infty}^{+\infty} \frac{1}{\sqrt{2\pi(1-\rho^2)}} e^{-\frac{1}{2(1-\rho^2)}(v-\rho u)^2} dv$$

$$= \frac{1}{\sqrt{2\pi}\sigma_1} e^{-\frac{u^2}{2}} = \frac{1}{\sqrt{2\pi}\sigma_1} e^{-\frac{(x-\mu_1)^2}{2\sigma_1^2}} \quad (-\infty < x < +\infty).$$

同理可得

$$f_Y(y) = \frac{1}{\sqrt{2\pi}\sigma_2} e^{-\frac{(y-\mu_2)^2}{2\sigma_2^2}} \quad (-\infty < y < +\infty).$$

可以看到,二维正态分布的两个边缘分布都是一维正态分布,并且都不依赖于参数 ρ,即 $X \sim N(\mu_1, \sigma_1^2)$,$Y \sim N(\mu_2, \sigma_2^2)$. 当 ρ 取不同值时,所对应的二维正态分布也不同,但它们的边缘分布却相同. 这说明,仅由关于 X 和 Y 的两个边缘分布一般不能确定 (X, Y) 的联合分布.

§3.4 随机变量的独立性

在研究二维随机变量时,常会遇到一个随机变量的取值对另一个随机变量取值的概率是否有影响的问题. 为了研究这类问题,下面引入随机变量相互独立的概念.

一、随机变量相互独立的定义

定义 3.6 设 (X, Y) 是二维随机变量,如果对于任意实数 x, y,都有
$$P\{X \leqslant x, Y \leqslant y\} = P\{X \leqslant x\} P\{Y \leqslant y\},$$
即
$$F(x, y) = F_X(x) F_Y(y), \tag{3-7}$$
那么称随机变量 X 与 Y **相互独立**.

例如,在 §3.1 的例 1 中,求出的两个边缘分布函数分别为
$$F_X(x) = \begin{cases} 1 - e^{-2x}, & x > 0, \\ 0, & x \leqslant 0, \end{cases} \quad F_Y(y) = \begin{cases} 1 - e^{-3y}, & y > 0, \\ 0, & y \leqslant 0. \end{cases}$$
显然,对任意实数 x, y,都有 $F(x, y) = F_X(x) F_Y(y)$,故随机变量 X 与 Y 相互独立.

二、离散型随机变量相互独立的充要条件

若 (X, Y) 为二维离散型随机变量,则 X 与 Y 相互独立的充要条件是其联合分布律等于边缘分布律的乘积,即
$$P\{X = x_i, Y = y_j\} = P\{X = x_i\} P\{Y = y_j\} \tag{3-8}$$
或
$$p_{ij} = p_{i\cdot} \, p_{\cdot j} \quad (i, j = 1, 2, \cdots).$$

例1 试讨论 §3.2 的例2中随机变量 X 与 Y 的独立性.

解 (1) 有放回抽取时,可以验证

$$P\{X=0,Y=0\} = \frac{9}{25} = P\{X=0\}P\{Y=0\},$$

$$P\{X=0,Y=1\} = \frac{6}{25} = P\{X=0\}P\{Y=1\},$$

$$P\{X=1,Y=0\} = \frac{6}{25} = P\{X=1\}P\{Y=0\},$$

$$P\{X=1,Y=1\} = \frac{4}{25} = P\{X=1\}P\{Y=1\},$$

故有放回抽取时,X 与 Y 相互独立,这也与问题的实际意义完全相符.

(2) 无放回抽取时,可以验证

$$P\{X=0,Y=0\} \neq P\{X=0\}P\{Y=0\},$$

故无放回抽取时,X 与 Y 不相互独立,这也与问题的实际意义完全相符.

三、连续型随机变量相互独立的充要条件

若 (X,Y) 为二维连续型随机变量,则 X 与 Y 相互独立的充要条件是其联合概率密度等于边缘概率密度的乘积,即

$$f(x,y) = f_X(x)f_Y(y) \tag{3-9}$$

在 xOy 平面上几乎处处成立.

注 这里"几乎处处成立"的含义是:在平面上除去"面积"为零的集合以外,处处成立.

例如,在 §3.3 的例3中,由于对任意实数 x,y,均有 $f(x,y) = f_X(x)f_Y(y)$,因此 X 与 Y 相互独立.

例2 设 (X,Y) 在区域 D 上服从均匀分布,其中 D 是由直线 $x + \frac{y}{2} = 1$、x 轴、y 轴所围成的三角形区域(见图3-9),判断 X 与 Y 是否相互独立.

解 由于 (X,Y) 在区域 D 上服从均匀分布,因此 (X,Y) 的联合概率密度为

$$f(x,y) = \begin{cases} 1, & (x,y) \in D, \\ 0, & \text{其他}. \end{cases}$$

当 $x < 0$ 或 $x > 1$ 时,

$$f_X(x) = \int_{-\infty}^{+\infty} f(x,y)\,\mathrm{d}y = 0;$$

当 $0 \leqslant x \leqslant 1$ 时,

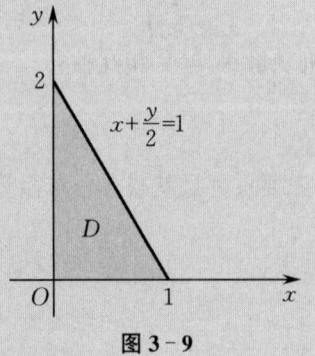

图 3-9

$$f_X(x)=\int_{-\infty}^{+\infty}f(x,y)\mathrm{d}y=\int_0^{2(1-x)}\mathrm{d}y=2(1-x).$$

故 (X,Y) 关于 X 的边缘概率密度为

$$f_X(x)=\begin{cases}2(1-x), & 0\leqslant x\leqslant 1,\\ 0, & 其他.\end{cases}$$

同理可得 (X,Y) 关于 Y 的边缘概率密度为

$$f_Y(y)=\begin{cases}1-\dfrac{y}{2}, & 0\leqslant y\leqslant 2,\\ 0, & 其他.\end{cases}$$

因为 $f(x,y)\neq f_X(x)f_Y(y)$，所以 X 与 Y 不相互独立.

例 3 设 $(X,Y)\sim N(\mu_1,\mu_2,\sigma_1^2,\sigma_2^2,\rho)$，试证：$X$ 与 Y 相互独立的充要条件是 $\rho=0$.

证明 (X,Y) 的联合概率密度为

$$f(x,y)=\frac{1}{2\pi\sigma_1\sigma_2\sqrt{1-\rho^2}}\mathrm{e}^{-\frac{1}{2(1-\rho^2)}\left[\frac{(x-\mu_1)^2}{\sigma_1^2}-\frac{2\rho(x-\mu_1)(y-\mu_2)}{\sigma_1\sigma_2}+\frac{(y-\mu_2)^2}{\sigma_2^2}\right]}$$

$$(-\infty<x<+\infty,-\infty<y<+\infty),$$

由 §3.3 的例 5 知，(X,Y) 的两个边缘概率密度分别为

$$f_X(x)=\frac{1}{\sqrt{2\pi}\sigma_1}\mathrm{e}^{-\frac{(x-\mu_1)^2}{2\sigma_1^2}}\quad(-\infty<x<+\infty),$$

$$f_Y(y)=\frac{1}{\sqrt{2\pi}\sigma_2}\mathrm{e}^{-\frac{(y-\mu_2)^2}{2\sigma_2^2}}\quad(-\infty<y<+\infty).$$

充分性. 若 $\rho=0$，则对任意实数 x,y，有

$$f_X(x)f_Y(y)=\frac{1}{\sqrt{2\pi}\sigma_1}\mathrm{e}^{-\frac{(x-\mu_1)^2}{2\sigma_1^2}}\cdot\frac{1}{\sqrt{2\pi}\sigma_2}\mathrm{e}^{-\frac{(y-\mu_2)^2}{2\sigma_2^2}}$$

$$=\frac{1}{2\pi\sigma_1\sigma_2}\mathrm{e}^{-\frac{(x-\mu_1)^2}{2\sigma_1^2}-\frac{(y-\mu_2)^2}{2\sigma_2^2}}=f(x,y),$$

即 X 与 Y 相互独立.

必要性. 若 X 与 Y 相互独立，则对任意实数 x,y，有 $f(x,y)=f_X(x)f_Y(y)$ 成立. 特别地，取 $x=\mu_1,y=\mu_2$，则有 $f(\mu_1,\mu_2)=f_X(\mu_1)f_Y(\mu_2)$，即

$$\frac{1}{2\pi\sigma_1\sigma_2\sqrt{1-\rho^2}}=\frac{1}{\sqrt{2\pi}\sigma_1}\cdot\frac{1}{\sqrt{2\pi}\sigma_2},$$

解得 $\sqrt{1-\rho^2}=1$，从而 $\rho=0$.

我们在 §3.3 中曾指出，仅由随机变量 X 与 Y 的边缘分布一般不能确定二维随机变量 (X,Y) 的联合分布. 但是，当 X 与 Y 相互独立时，边缘分布函数的乘积就是 (X,Y) 的联合分

布函数,即仅由边缘分布可完全确定联合分布.

§3.5 二维随机变量函数的分布

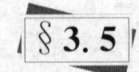

在许多实际问题中,常涉及随机变量是两个或两个以上随机变量的函数的分布.例如,体检时,若用 X 和 Y 分别表示一个人的年龄和体重,Z 表示这个人的血压,则 Z 是 X,Y 的函数.下面讨论如果已知 (X,Y) 的联合分布,如何确定其函数 $Z=g(X,Y)$ 的分布.

一、二维离散型随机变量函数的分布

例1 已知 (X,Y) 的联合分布律如表 3-13 所示,求:

(1) $X+Y$ 的分布律;

(2) XY 的分布律.

表 3-13

X	Y		
	-2	-1	0
-1	0.2	0	0.1
1	0.1	0.2	0
2	0.2	0	0.2

解 由 (X,Y) 的联合分布律可得表 3-14 所示的结果.

表 3-14

P	0.2	0	0.1	0.1	0.2	0	0.2	0	0.2
(X,Y)	(-1,-2)	(-1,-1)	(-1,0)	(1,-2)	(1,-1)	(1,0)	(2,-2)	(2,-1)	(2,0)
X+Y	-3	-2	-1	-1	0	1	0	1	2
XY	2	1	0	-2	-1	0	-4	-2	0

(1) 将函数值相同的概率合并,得 $X+Y$ 的分布律如表 3-15 所示.

表 3-15

X+Y	-3	-2	-1	0	1	2
P	0.2	0	0.2	0.4	0	0.2

(2) 同理,XY 的分布律如表 3-16 所示.

表 3-16

XY	-4	-2	-1	0	1	2
P	0.2	0.1	0.2	0.3	0	0.2

二、二维连续型随机变量函数的分布

1. $Z = X + Y$ 的分布

设 (X, Y) 的联合概率密度为 $f(x, y)$，则 $Z = X + Y$ 的分布函数为

$$F_Z(z) = P\{Z \leqslant z\} = P\{X + Y \leqslant z\} = \iint\limits_D f(x, y) \mathrm{d}x \mathrm{d}y,$$

其中区域 $D = \{(x, y) \mid x + y \leqslant z\}$ 是直线 $x + y = z$ 及其左下方的半平面(见图 3-10). 将二重积分化为累次积分,得

$$F_Z(z) = \int_{-\infty}^{+\infty} \left[\int_{-\infty}^{z-x} f(x, y) \mathrm{d}y \right] \mathrm{d}x.$$

对括号内的积分做变量代换,令 $y = u - x$,得

$$\int_{-\infty}^{z-x} f(x, y) \mathrm{d}y = \int_{-\infty}^{z} f(x, u - x) \mathrm{d}u.$$

于是

$$F_Z(z) = \int_{-\infty}^{+\infty} \left[\int_{-\infty}^{z} f(x, u - x) \mathrm{d}u \right] \mathrm{d}x = \int_{-\infty}^{z} \left[\int_{-\infty}^{+\infty} f(x, u - x) \mathrm{d}x \right] \mathrm{d}u.$$

上式两边同时关于 z 求导,得 Z 的概率密度为

$$f_Z(z) = \int_{-\infty}^{+\infty} f(x, z - x) \mathrm{d}x.$$

由 X, Y 的对称性,又可得

$$f_Z(z) = \int_{-\infty}^{+\infty} f(z - y, y) \mathrm{d}y.$$

特别地,当 X 与 Y 相互独立时,设 (X, Y) 关于 X, Y 的边缘概率密度分别为 $f_X(x)$, $f_Y(y)$,则又有

$$f_Z(z) = \int_{-\infty}^{+\infty} f_X(x) f_Y(z - x) \mathrm{d}x \tag{3-10}$$

与

$$f_Z(z) = \int_{-\infty}^{+\infty} f_X(z - y) f_Y(y) \mathrm{d}y. \tag{3-11}$$

称式(3-10)和式(3-11)为**卷积公式**,简记为 $f_Z = f_X * f_Y$.

例2 设 X 和 Y 是两个相互独立的随机变量,它们都服从标准正态分布 $N(0, 1)$,求 $Z = X + Y$ 的概率密度.

解 由式(3-10)得

$$f_Z(z) = \int_{-\infty}^{+\infty} f_X(x) f_Y(z-x) \mathrm{d}x = \int_{-\infty}^{+\infty} \frac{1}{\sqrt{2\pi}} \mathrm{e}^{-\frac{x^2}{2}} \cdot \frac{1}{\sqrt{2\pi}} \mathrm{e}^{-\frac{(z-x)^2}{2}} \mathrm{d}x$$

$$= \frac{1}{2\pi} \int_{-\infty}^{+\infty} \mathrm{e}^{-(x^2-zx+\frac{z^2}{2})} \mathrm{d}x = \frac{1}{2\pi} \mathrm{e}^{-\frac{z^2}{4}} \int_{-\infty}^{+\infty} \mathrm{e}^{-(x-\frac{z}{2})^2} \mathrm{d}x$$

$$\xrightarrow{x-\frac{z}{2}=t} \frac{1}{2\pi} \mathrm{e}^{-\frac{z^2}{4}} \int_{-\infty}^{+\infty} \mathrm{e}^{-t^2} \mathrm{d}t = \frac{1}{2\sqrt{\pi}} \mathrm{e}^{-\frac{z^2}{4}}.$$

故 $Z = X + Y \sim N(0,2)$.

一般地,若随机变量 $X \sim N(\mu_1, \sigma_1^2), Y \sim N(\mu_2, \sigma_2^2)$,且 X 与 Y 相互独立,则
$$X + Y \sim N(\mu_1 + \mu_2, \sigma_1^2 + \sigma_2^2).$$

更一般地,这个结论还能推广到 n 个相互独立的正态随机变量之和的情况,即若 $X_i \sim N(\mu_i, \sigma_i^2)(i=1,2,\cdots,n)$,且 $X_1, X_2, \cdots, X_n$ 相互独立,则
$$\sum_{i=1}^n X_i \sim N\left(\sum_{i=1}^n \mu_i, \sum_{i=1}^n \sigma_i^2\right).$$

2. $M = \max\{X, Y\}$ 及 $N = \min\{X, Y\}$ 的分布

设 X 与 Y 是两个相互独立的随机变量,它们的分布函数分别为 $F_X(x)$ 和 $F_Y(y)$. 现在来求 $M = \max\{X, Y\}$ 及 $N = \min\{X, Y\}$ 的分布函数 $F_M(z)$ 与 $F_N(z)$:

$$F_M(z) = P\{M \leqslant z\} = P\{X \leqslant z, Y \leqslant z\}$$
$$= P\{X \leqslant z\} P\{Y \leqslant z\} = F_X(z) F_Y(z),$$
$$F_N(z) = P\{N \leqslant z\} = 1 - P\{N > z\} = 1 - P\{X > z, Y > z\}$$
$$= 1 - P\{X > z\} P\{Y > z\} = 1 - [1 - F_X(z)][1 - F_Y(z)].$$

特别地,当 X 与 Y 相互独立且有相同的分布函数 $F(x)$ 时,有
$$F_M(z) = [F(z)]^2, \quad F_N(z) = 1 - [1 - F(z)]^2.$$

以上结果容易推广到 n 个相互独立的随机变量的情况. 特别地,当 $X_1, X_2, \cdots, X_n$ 相互独立且具有相同的分布函数 $F(x)$ 时,有
$$F_M(z) = [F(z)]^n, \quad F_N(z) = 1 - [1 - F(z)]^n.$$

§3.6 条件分布

本节由随机事件的条件概率,引出随机变量的条件分布的概念.

一、二维离散型随机变量的条件分布

设 (X, Y) 是二维离散型随机变量,其联合分布律为
$$P\{X = x_i, Y = y_j\} = p_{ij} \quad (i, j = 1, 2, \cdots).$$
(X, Y) 关于 X 和 Y 的边缘分布律分别为

$$P\{X=x_i\}=p_i.=\sum_{j=1}^{\infty}p_{ij} \quad (i=1,2,\cdots),$$

$$P\{Y=y_j\}=p_{\cdot j}=\sum_{i=1}^{\infty}p_{ij} \quad (j=1,2,\cdots).$$

定义 3.7 设 (X,Y) 是二维离散型随机变量,对于固定的 j,若 $P\{Y=y_j\}>0$,则称

$$P\{X=x_i \mid Y=y_j\}=\frac{P\{X=x_i, Y=y_j\}}{P\{Y=y_j\}}=\frac{p_{ij}}{p_{\cdot j}} \quad (i=1,2,\cdots) \tag{3-12}$$

为在 $Y=y_j$ 的条件下随机变量 X 的**条件分布律**.

类似地,对于固定的 i,若 $P\{X=x_i\}>0$,则称

$$P\{Y=y_j \mid X=x_i\}=\frac{P\{X=x_i, Y=y_j\}}{P\{X=x_i\}}=\frac{p_{ij}}{p_i.} \quad (j=1,2,\cdots) \tag{3-13}$$

为在 $X=x_i$ 的条件下随机变量 Y 的**条件分布律**.

条件分布律具有一般分布律的基本性质.

性质 1(非负性) $P\{X=x_i \mid Y=y_j\} \geqslant 0.$

性质 2(归一性) $\sum_i P\{X=x_i \mid Y=y_j\}=1.$

例 1 设二维随机变量 (X,Y) 的联合分布律如表 3-17 所示,求 $X=1$ 时 Y 的条件分布律.

表 3-17

X	Y	
	0	1
0	0	$\frac{1}{5}$
1	$\frac{1}{5}$	$\frac{3}{5}$

解 由表 3-17 得 $P\{X=1\}=\frac{1}{5}+\frac{3}{5}=\frac{4}{5}$,故

$$P\{Y=0 \mid X=1\}=\frac{P\{X=1, Y=0\}}{P\{X=1\}}=\frac{\frac{1}{5}}{\frac{4}{5}}=\frac{1}{4},$$

$$P\{Y=1 \mid X=1\}=\frac{P\{X=1, Y=1\}}{P\{X=1\}}=\frac{\frac{3}{5}}{\frac{4}{5}}=\frac{3}{4},$$

从而 $X=1$ 时 Y 的条件分布律如表 3-18 所示.

表 3-18

Y	0	1
$P\{Y=y_j \mid X=1\}$	$\frac{1}{4}$	$\frac{3}{4}$

二、二维连续型随机变量的条件分布

定义 3.8 设 (X,Y) 是二维连续型随机变量,其联合概率密度为 $f(x,y)$,(X,Y) 关于 Y 的边缘概率密度为 $f_Y(y)$. 对于固定的 y,若 $f_Y(y)>0$,则称 $\dfrac{f(x,y)}{f_Y(y)}$ 为在 $Y=y$ 的条件下 X 的**条件概率密度**,记作

$$f_{X|Y}(x\mid y)=\frac{f(x,y)}{f_Y(y)}. \qquad (3-14)$$

类似地,对于固定的 x,若 $f_X(x)>0$,则称 $\dfrac{f(x,y)}{f_X(x)}$ 为在 $X=x$ 的条件下 Y 的**条件概率密度**,记作

$$f_{Y|X}(y\mid x)=\frac{f(x,y)}{f_X(x)}. \qquad (3-15)$$

由分布函数和概率密度的关系,可以定义在 $Y=y$ 的条件下 X 的**条件分布函数**为

$$F_{X|Y}(x\mid y)=P\{X\leqslant x\mid Y=y\}=\int_{-\infty}^{x}f_{X|Y}(u\mid y)\mathrm{d}u,$$

在 $X=x$ 的条件下 Y 的**条件分布函数**为

$$F_{Y|X}(y\mid x)=P\{Y\leqslant y\mid X=x\}=\int_{-\infty}^{y}f_{Y|X}(v\mid x)\mathrm{d}v.$$

例 2 设二维随机变量 (X,Y) 的联合概率密度为

$$f(x,y)=\begin{cases}xy, & 0\leqslant x<2,0\leqslant y<1,\\ 0, & \text{其他},\end{cases}$$

求:

(1) 条件概率密度 $f_{Y|X}(y\mid x)$;

(2) $P\left\{Y\leqslant\dfrac{1}{8}\bigm|X=\dfrac{1}{4}\right\}$.

解 (1) X 的边缘概率密度为

$$f_X(x)=\int_{-\infty}^{+\infty}f(x,y)\mathrm{d}y=\begin{cases}\dfrac{1}{2}x, & 0\leqslant x<2,\\ 0, & \text{其他}.\end{cases}$$

于是,当 $0<x<2$ 时,所求的条件概率密度为

$$f_{Y|X}(y\mid x)=\frac{f(x,y)}{f_X(x)}=\begin{cases}2y, & 0\leqslant y<1,\\ 0, & \text{其他}.\end{cases}$$

(2) $P\left\{Y\leqslant\dfrac{1}{8}\bigm|X=\dfrac{1}{4}\right\}=\displaystyle\int_{-\infty}^{\frac{1}{8}}f_{Y|X}\left(y\bigm|\dfrac{1}{4}\right)\mathrm{d}y=\int_{0}^{\frac{1}{8}}2y\,\mathrm{d}y=\dfrac{1}{64}.$

习题三

1. 一盒子里装有3个黑球、2个红球和2个白球,从中任取4个球,以 X 表示取到黑球的个数,以 Y 表示取到红球的个数,求:
   (1) (X,Y) 的联合分布律;
   (2) $P\{X>Y\}, P\{Y=2X\}, P\{X+Y=3\}, P\{X<3-Y\}$.

2. 设二维随机变量 (X,Y) 的联合概率密度为
$$f(x,y)=\begin{cases} k(6-x-y), & 0<x<2, 2<y<4, \\ 0, & \text{其他}, \end{cases}$$
   求:
   (1) 常数 k 的值;
   (2) $P\{X<1, Y<3\}, P\{X<1.5\}, P\{X+Y\leqslant 4\}$.

3. 已知二维随机变量 (X,Y) 的联合分布函数为
$$F(x,y)=\begin{cases} 1-e^{-x}-e^{-y}+e^{-(x+y)}, & x>0, y>0, \\ 0, & \text{其他}. \end{cases}$$
   (1) 求边缘分布函数;
   (2) 求联合概率密度;
   (3) 求边缘概率密度;
   (4) 考察 X 与 Y 的独立性.

4. 设二维随机变量 (X,Y) 的联合概率密度为
$$f(x,y)=\begin{cases} x^2+\dfrac{xy}{3}, & 0<x<1, 0<y<2, \\ 0, & \text{其他}, \end{cases}$$
   求:
   (1) 关于 Y 的边缘概率密度;
   (2) $P\{X\geqslant Y\}$.

5. 设二维随机变量 (X,Y) 的联合概率密度为
$$f(x,y)=\begin{cases} e^{-y}, & 0<x<y, \\ 0, & \text{其他}, \end{cases}$$
   求边缘概率密度.

6. 设二维随机变量 (X,Y) 的联合概率密度为
$$f(x,y)=\begin{cases} cx^2y, & x^2\leqslant y\leqslant 1, \\ 0, & \text{其他}, \end{cases}$$
   求:
   (1) 常数 c 的值;
   (2) 边缘概率密度.

7. 设二维随机变量(X,Y)服从区域G上的均匀分布,其中G是由直线$y=x$与$x=1$及x轴所围成的区域,求:

(1) 边缘概率密度;

(2) $P\left\{0<x<\dfrac{1}{2}, 0<y<\dfrac{1}{2}\right\}$.

8. 设二维随机变量(X,Y)的联合分布律如表3-19所示.问:当α,β为何值时,X与Y相互独立?

表 3-19

X	Y		
	1	2	3
0	$\dfrac{1}{6}$	$\dfrac{1}{9}$	$\dfrac{1}{18}$
1	$\dfrac{1}{3}$	α	β

9. 设X与Y是两个相互独立的随机变量,其中X在区间$[0,1]$上服从均匀分布,Y的概率密度为

$$f_Y(y)=\begin{cases}\dfrac{1}{2}\mathrm{e}^{-\frac{y}{2}}, & y>0,\\ 0, & y\leqslant 0.\end{cases}$$

(1) 求(X,Y)的联合概率密度;

(2) 设关于a的二次方程为$a^2+2Xa+Y=0$,试求该方程有实根的概率.

10. 设二维随机变量(X,Y)的联合概率密度为

$$f(x,y)=\begin{cases}b\mathrm{e}^{-(x+y)}, & 0<x<1, y>0,\\ 0, & \text{其他},\end{cases}$$

求:

(1) 常数b的值;

(2) 边缘概率密度;

(3) 函数$U=\max\{X,Y\}$的分布函数.

11. 设二维随机变量(X,Y)的联合分布律如表3-20所示,求:

(1) 在$X=0$的条件下Y的条件分布律;

(2) 在$Y=-1$的条件下X的条件分布律.

表 3-20

X	Y		
	-1	0	2
0	$\dfrac{1}{12}$	$\dfrac{1}{6}$	$\dfrac{1}{4}$
1	$\dfrac{5}{12}$	$\dfrac{1}{12}$	0

12. 设二维随机变量 (X,Y) 的联合概率密度为

$$f(x,y) = \begin{cases} x^2 + \dfrac{xy}{3}, & 0 \leqslant x \leqslant 1, 0 \leqslant y \leqslant 2, \\ 0, & \text{其他}, \end{cases}$$

求：

(1) $f_{X|Y}(x \mid y)$；

(2) $f_{Y|X}(y \mid x)$；

(3) $P\left\{Y < \dfrac{1}{2} \,\middle|\, X = \dfrac{1}{2}\right\}$.

第四章

随机变量的数字特征

前面讨论了随机变量及其分布,我们看到由随机变量的分布可以完整地描述随机变量的统计规律性,但是要确定随机变量的分布并不容易,而且在某些实际或理论问题中,并不需要全面考察随机变量的统计规律性,而只要知道随机变量的一些重要的综合指标.例如,在评定某地区粮食产量的水平时,亩产量是一个随机变量,在许多情况下只要知道该地区的平均亩产量.又如,在检查一批棉花的质量时,纤维长度是一个随机变量,检查员往往既需要考察纤维的平均长度,又需要考察各纤维长度与平均长度的偏离程度,平均长度越长,偏离程度越小,棉花的质量就越好.这些与随机变量有关的综合指标可以从不同角度来描述随机变量的分布特征,在理论和实际上都有重要意义,在概率论中称为随机变量的**数字特征**.本章主要介绍常用的几个数字特征:数学期望、方差、协方差、相关系数和矩.

学习目标与
知识结构

§4.1 数 学 期 望

一、离散型随机变量的数学期望

引例 (射击问题)设某射手在相同条件下瞄准靶子连续射击90次,结果如表4-1所示.试问:该射手每次射击平均命中多少环?

表4-1

命中环数	0	1	2	3	4	5
命中次数	2	13	15	10	20	30
频率	$\dfrac{2}{90}$	$\dfrac{13}{90}$	$\dfrac{15}{90}$	$\dfrac{10}{90}$	$\dfrac{20}{90}$	$\dfrac{30}{90}$

解 该射手射击了90次,命中的总环数为

$$0\times 2+1\times 13+2\times 15+3\times 10+4\times 20+5\times 30,$$

故其每次射击平均命中的环数为

$$\overline{X} = \frac{0 \times 2 + 1 \times 13 + 2 \times 15 + 3 \times 10 + 4 \times 20 + 5 \times 30}{90}$$

$$= 0 \times \frac{2}{90} + 1 \times \frac{13}{90} + 2 \times \frac{15}{90} + 3 \times \frac{10}{90} + 4 \times \frac{20}{90} + 5 \times \frac{30}{90} = 3.37.$$

由此可见,平均命中环数并不是命中环数的简单平均,而是命中环数的可能取值与其频率的乘积之和,即以频率为权重的加权平均.

由于频率的稳定性,因此用概率代替频率,于是平均命中环数是命中环数的可能取值与其概率的乘积之和,即以概率为权重的加权平均.据此,可引出数学期望的定义.

定义 4.1 设离散型随机变量 X 的分布律为

$$P\{X = x_i\} = p_i \quad (i = 1, 2, \cdots),$$

若级数 $\sum_{i=1}^{\infty} x_i p_i$ 绝对收敛,则称 $\sum_{i=1}^{\infty} x_i p_i$ 的和为 X 的**数学期望**,简称**期望**或**均值**,记作 $E(X)$,即

$$E(X) = \sum_{i=1}^{\infty} x_i p_i. \tag{4-1}$$

例1 甲、乙两人进行打靶,所得分数分别记作 X, Y,它们的分布律分别如表 4-2 和表 4-3 所示.试评定他们的成绩好坏.

表 4-2

X	0	1	2
P	0	0.2	0.8

表 4-3

Y	0	1	2
P	0.6	0.3	0.1

解 分别计算 X 和 Y 的数学期望,得

$$E(X) = 0 \times 0 + 1 \times 0.2 + 2 \times 0.8 = 1.8,$$
$$E(Y) = 0 \times 0.6 + 1 \times 0.3 + 2 \times 0.1 = 0.5.$$

这表明就平均而言,甲所得的分数比乙更高,从这个意义上来说,甲的成绩比乙的成绩更好.

下面给出几个常见离散型随机变量的数学期望.

1. 两点分布((0-1) 分布)

设随机变量 $X \sim B(1, p)$,则 $E(X) = p$.

证明 $E(X) = 1 \cdot p + 0 \cdot (1-p) = p.$

2. 二项分布

设随机变量 $X \sim B(n, p)(0 < p < 1)$,则 $E(X) = np$.

证明 $E(X) = \sum_{k=0}^{n} k C_n^k p^k (1-p)^{n-k} = \sum_{k=1}^{n} k C_n^k p^k (1-p)^{n-k}$

$$= np \sum_{k=1}^{n} \frac{(n-1)!}{(k-1)![(n-1)-(k-1)]!} p^{k-1}(1-p)^{(n-1)-(k-1)}$$

$$= np \sum_{k=1}^{n} C_{n-1}^{k-1} p^{k-1}(1-p)^{(n-1)-(k-1)}$$

$$= np(p+1-p)^{n-1} = np.$$

3. 泊松分布

设随机变量 $X \sim P(\lambda)(\lambda > 0)$,则 $E(X) = \lambda$.

证明 $E(X) = \sum_{k=0}^{\infty} k \frac{\lambda^k}{k!} e^{-\lambda} = \lambda e^{-\lambda} \sum_{k=1}^{\infty} \frac{\lambda^{k-1}}{(k-1)!} = \lambda e^{-\lambda} e^{\lambda} = \lambda.$

二、连续型随机变量的数学期望

定义 4.2 设连续型随机变量 X 的概率密度为 $f(x)$,若积分 $\int_{-\infty}^{+\infty} x f(x) \mathrm{d}x$ 绝对收敛,则称 $\int_{-\infty}^{+\infty} x f(x) \mathrm{d}x$ 的值为 X 的**数学期望**,简称**期望**或**均值**,记作 $E(X)$,即

$$E(X) = \int_{-\infty}^{+\infty} x f(x) \mathrm{d}x. \tag{4-2}$$

例 2 设随机变量 X 的概率密度为

$$f(x) = \begin{cases} x, & 0 < x \leqslant 1, \\ 2-x, & 1 < x \leqslant 2, \\ 0, & \text{其他}, \end{cases}$$

求 X 的数学期望 $E(X)$.

解 由连续型随机变量的数学期望的定义,有

$$E(X) = \int_{-\infty}^{+\infty} x f(x) \mathrm{d}x = \int_0^1 x^2 \mathrm{d}x + \int_1^2 x(2-x) \mathrm{d}x = \frac{1}{3} + \frac{2}{3} = 1.$$

下面给出几个常见连续型随机变量的数学期望.

1. 均匀分布

设随机变量 $X \sim U[a,b]$,则 $E(X) = \dfrac{a+b}{2}$.

证明 $E(X) = \int_{-\infty}^{a} x \cdot 0 \mathrm{d}x + \int_a^b x \cdot \frac{1}{b-a} \mathrm{d}x + \int_b^{+\infty} x \cdot 0 \mathrm{d}x$

$$= \frac{1}{b-a} \cdot \frac{x^2}{2} \Big|_a^b = \frac{a+b}{2}.$$

2. 指数分布

设随机变量 $X \sim E(\lambda)(\lambda > 0)$,则 $E(X) = \dfrac{1}{\lambda}$.

证明 $E(X) = \int_{-\infty}^{0} x \cdot 0 \mathrm{d}x + \int_0^{+\infty} x \cdot \lambda e^{-\lambda x} \mathrm{d}x = -x e^{-\lambda x} \Big|_0^{+\infty} + \int_0^{+\infty} e^{-\lambda x} \mathrm{d}x$

$$= -\frac{1}{\lambda} e^{-\lambda x} \Big|_0^{+\infty} = \frac{1}{\lambda}.$$

3. 正态分布

设随机变量 $X \sim N(\mu, \sigma^2)$，则 $E(X) = \mu$.

证明
$$E(X) = \int_{-\infty}^{+\infty} x \cdot \frac{1}{\sqrt{2\pi}\sigma} e^{-\frac{(x-\mu)^2}{2\sigma^2}} dx \xrightarrow{t = \frac{x-\mu}{\sigma}} \int_{-\infty}^{+\infty} \frac{\sigma t + \mu}{\sqrt{2\pi}} e^{-\frac{t^2}{2}} dt$$
$$= \sigma \int_{-\infty}^{+\infty} \frac{t}{\sqrt{2\pi}} e^{-\frac{t^2}{2}} dt + \mu \int_{-\infty}^{+\infty} \frac{1}{\sqrt{2\pi}} e^{-\frac{t^2}{2}} dt = \mu.$$

三、随机变量函数的数学期望

在实际问题中，我们经常需要求随机变量函数的数学期望，即已知随机变量 X 的分布，且 Y 是 X 的函数 $Y = g(X)$，要求 Y 的数学期望. 一种方法是先根据已知的 X 的分布求出 Y 的分布，然后根据数学期望的定义来求 $E(Y)$，但往往求函数 Y 的分布的运算比较复杂. 下面的定理给出了由已知的 X 的分布直接求其函数 Y 的数学期望的方法，而无须求出 Y 的分布.

定理 4.1 设 X 是随机变量，$Y = g(X)$ 是 X 的函数.

(1) 若 X 是离散型随机变量，其分布律为 $P\{X = x_i\} = p_i (i = 1, 2, \cdots)$，则当级数 $\sum_{i=1}^{\infty} g(x_i) p_i$ 绝对收敛时，随机变量 Y 的数学期望为

$$E(Y) = E[g(X)] = \sum_{i=1}^{\infty} g(x_i) p_i. \tag{4-3}$$

(2) 若 X 是连续型随机变量，其概率密度为 $f(x)$，则当积分 $\int_{-\infty}^{+\infty} g(x) f(x) dx$ 绝对收敛时，随机变量 Y 的数学期望为

$$E(Y) = E[g(X)] = \int_{-\infty}^{+\infty} g(x) f(x) dx. \tag{4-4}$$

例 3 设离散型随机变量 X 的分布律如表 4-4 所示，求 $E(X^2 + X)$.

表 4-4

X	0	1	2
P	$\frac{1}{4}$	$\frac{1}{3}$	$\frac{5}{12}$

解 由式 (4-3) 得
$$E(X^2 + X) = \left[(0^2 + 0) \times \frac{1}{4}\right] + \left[(1^2 + 1) \times \frac{1}{3}\right] + \left[(2^2 + 2) \times \frac{5}{12}\right] = \frac{19}{6}.$$

例 4 设随机变量 $X \sim E(1)$，求：

(1) $Y = 2X$ 的数学期望；

(2) $Z = e^{-2X}$ 的数学期望.

解 由式(4-4)得

(1) $E(Y) = \int_{-\infty}^{+\infty} 2x f(x) dx = \int_{0}^{+\infty} 2x e^{-x} dx = 2.$

(2) $E(Z) = \int_{-\infty}^{+\infty} e^{-2x} f(x) dx = \int_{0}^{+\infty} e^{-2x} e^{-x} dx = \frac{1}{3}.$

例5 （最佳进货量问题）设国际市场每年对我国某种出口商品的需求量是随机变量 X（单位:t），它在区间 $[2\,000, 4\,000]$ 上服从均匀分布. 已知每售出1 t这种商品，可挣得外汇3万元，但假如销售不出而囤积于仓库，则每囤积1 t需要保养费1万元，问:需要组织多少货源，才能使收益最大？

解 设需要组织的货源为 a t，则 $a \in [2\,000, 4\,000]$（X 在 $[2\,000, 4\,000]$ 上服从均匀分布，概率密度为 $f(x)$）. 用 Y 表示收益（单位:万元），则由题设可得

$$Y = g(X) = \begin{cases} 3a, & X \geq a, \\ 3X - (a - X), & X < a \end{cases}$$

$$= \begin{cases} 3a, & X \geq a, \\ 4X - a, & X < a. \end{cases}$$

由于

$$E(Y) = \int_{-\infty}^{+\infty} g(x) f(x) dx = \int_{2\,000}^{a} (4x - a) \times \frac{1}{2\,000} dx + \int_{a}^{4\,000} 3a \times \frac{1}{2\,000} dx$$

$$= -\frac{1}{1\,000} (a^2 - 7\,000a + 4 \times 10^6),$$

令

$$\frac{dE(Y)}{da} = -\frac{1}{1\,000} (2a - 7\,000) = 0,$$

解得 $a = 3\,500$. 因此，组织3 500 t货源能使收益最大.

定理 4.2 设 (X, Y) 是二维随机变量，$Z = g(X, Y)$ 是 (X, Y) 的函数.

(1) 若 (X, Y) 是离散型随机变量，其联合分布律为

$$P\{X = x_i, Y = y_j\} = p_{ij} \quad (i, j = 1, 2, \cdots),$$

则当级数 $\sum_{i=1}^{\infty} \sum_{j=1}^{\infty} g(x_i, y_j) p_{ij}$ 绝对收敛时，随机变量 Z 的数学期望为

$$E(Z) = E[g(X, Y)] = \sum_{i=1}^{\infty} \sum_{j=1}^{\infty} g(x_i, y_j) p_{ij}. \quad (4-5)$$

(2) 若 (X, Y) 是连续型随机变量，其联合概率密度为 $f(x, y)$，则当积分

$$\int_{-\infty}^{+\infty} \int_{-\infty}^{+\infty} g(x, y) f(x, y) dx dy$$

绝对收敛时，随机变量 Z 的数学期望为

$$E(Z) = E[g(X, Y)] = \int_{-\infty}^{+\infty} \int_{-\infty}^{+\infty} g(x, y) f(x, y) dx dy. \quad (4-6)$$

例 6 设二维随机变量 (X,Y) 的联合分布律如表 4-5 所示，求 $Z=X^2+Y$ 的数学期望.

表 4-5

X	Y	
	1	2
1	$\frac{1}{8}$	$\frac{1}{4}$
2	$\frac{1}{2}$	$\frac{1}{8}$

解 由式(4-5)得
$$E(Z)=(1^2+1)\times\frac{1}{8}+(1^2+2)\times\frac{1}{4}+(2^2+1)\times\frac{1}{2}+(2^2+2)\times\frac{1}{8}=\frac{17}{4}.$$

例 7 设二维随机变量 (X,Y) 在区域 D 上服从均匀分布，其中 D 是由直线 $x+y+1=0$，x 轴和 y 轴所围成的区域，求 $E(-3X+2Y)$，$E(XY)$.

解 区域 D 的图形如图 4-1 所示，其面积为 $\frac{1}{2}$，则二维随机变量 (X,Y) 的联合概率密度为
$$f(x,y)=\begin{cases}2,&(x,y)\in D,\\0,&\text{其他}.\end{cases}$$

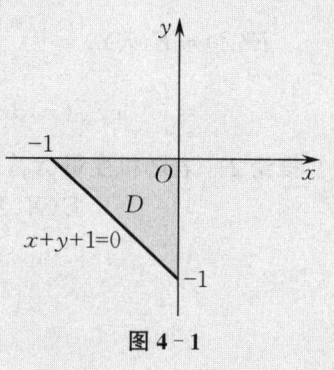

图 4-1

由式(4-6)得
$$E(-3X+2Y)=\int_{-1}^{0}\mathrm{d}x\int_{-1-x}^{0}(-3x+2y)\cdot 2\mathrm{d}y=\frac{1}{3},$$
$$E(XY)=\int_{-1}^{0}\mathrm{d}x\int_{-1-x}^{0}xy\cdot 2\mathrm{d}y=\frac{1}{12}.$$

四、数学期望的性质

设 X,Y 是两个随机变量，C 为常数，且 $E(X)$，$E(Y)$ 都存在，则数学期望有以下性质.

性质 1 $E(C)=C.$

证明 将常数 C 视为随机变量，则 $P\{X=C\}=1$，有
$$E(X)=C\times 1=C.$$

性质 2 $E(CX)=CE(X).$

证明 仅证 X 是连续型随机变量的情形.
设 X 的概率密度为 $f(x)$，则
$$E(CX)=\int_{-\infty}^{+\infty}Cxf(x)\mathrm{d}x=C\int_{-\infty}^{+\infty}xf(x)\mathrm{d}x=CE(X).$$

性质 3 $E(X+Y)=E(X)+E(Y).$

证明 仅证 X,Y 都是连续型随机变量的情形.

设 $Z = X + Y$，(X,Y) 的联合概率密度为 $f(x,y)$，边缘概率密度分别为 $f_X(x)$，$f_Y(y)$，则

$$\begin{aligned}
E(Z) &= E(X+Y) = \int_{-\infty}^{+\infty}\int_{-\infty}^{+\infty} (x+y)f(x,y)\mathrm{d}x\mathrm{d}y \\
&= \int_{-\infty}^{+\infty}\int_{-\infty}^{+\infty} xf(x,y)\mathrm{d}x\mathrm{d}y + \int_{-\infty}^{+\infty}\int_{-\infty}^{+\infty} yf(x,y)\mathrm{d}x\mathrm{d}y \\
&= \int_{-\infty}^{+\infty} x\left[\int_{-\infty}^{+\infty} f(x,y)\mathrm{d}y\right]\mathrm{d}x + \int_{-\infty}^{+\infty} y\left[\int_{-\infty}^{+\infty} f(x,y)\mathrm{d}x\right]\mathrm{d}y \\
&= \int_{-\infty}^{+\infty} xf_X(x)\mathrm{d}x + \int_{-\infty}^{+\infty} yf_Y(y)\mathrm{d}y = E(X) + E(Y).
\end{aligned}$$

推论 1 $E(X_1 + X_2 + \cdots + X_n) = E(X_1) + E(X_2) + \cdots + E(X_n)$.

性质 4 若随机变量 X 与 Y 相互独立，则
$$E(XY) = E(X)E(Y).$$

证明 仅证 X,Y 都是连续型随机变量的情形.

设 $Z = XY$，(X,Y) 的联合概率密度为 $f(x,y)$，边缘概率密度分别为 $f_X(x)$，$f_Y(y)$，则

$$\begin{aligned}
E(Z) &= E(XY) = \int_{-\infty}^{+\infty}\int_{-\infty}^{+\infty} xyf(x,y)\mathrm{d}x\mathrm{d}y = \int_{-\infty}^{+\infty}\int_{-\infty}^{+\infty} xyf_X(x)f_Y(y)\mathrm{d}x\mathrm{d}y \\
&= \int_{-\infty}^{+\infty} xf_X(x)\mathrm{d}x \cdot \int_{-\infty}^{+\infty} yf_Y(y)\mathrm{d}y = E(X)E(Y).
\end{aligned}$$

推论 2 若随机变量 $X_1, X_2, \cdots, X_n$ 相互独立，则
$$E(X_1 X_2 \cdots X_n) = E(X_1)E(X_2)\cdots E(X_n).$$

§4.2 方 差

一、方差的定义

数学期望反映了随机变量的均值，但有些时候，只知道均值还不能满足实际需要，还要研究随机变量与其均值的偏离程度. 例如，在研究一批灯泡的质量时，不仅要知道灯泡寿命 X 的均值 $E(X)$ 的大小，还要知道这批灯泡的寿命 X 与 $E(X)$ 的平均偏离程度. 如果平均偏离程度很小，说明这批灯泡的寿命大都接近它的均值，灯泡的质量是稳定的；如果平均偏离程度很大，说明灯泡的质量参差不齐.

用什么来衡量这种平均偏离程度呢？容易想到采用 $E[|X - E(X)|]$，然而对绝对值的处理在数学上很不方便，故通常采用 $E\{[X - E(X)]^2\}$ 来度量随机变量 X 与其均值 $E(X)$ 的偏离程度.

定义 4.3 设 X 为随机变量，若 $[X - E(X)]^2$ 的数学期望存在，则称
$$E\{[X - E(X)]^2\}$$
的值为 X 的**方差**，记作 $D(X)$，即

$$D(X) = E\{[X - E(X)]^2\}, \tag{4-7}$$

并称$\sqrt{D(X)}$为X的**标准差**或**均方差**,记作$\sigma(X)$,即$\sigma(X)=\sqrt{D(X)}$.

由方差的定义可知:

(1) $D(X) \geqslant 0$.

(2) 方差刻画了随机变量X的取值与其均值$E(X)$的偏离程度. 方差越小,说明X的取值越集中;方差越大,说明X的取值越分散.

(3) 方差$D(X)$是随机变量X的函数$g(X)=[X-E(X)]^2$的数学期望.

(4) 当X是离散型随机变量,且其分布律为$P\{X=x_i\}=p_i(i=1,2,\cdots)$时,有

$$D(X)=\sum_{i=1}^{\infty}[x_i-E(X)]^2 p_i. \tag{4-8}$$

当X是连续型随机变量,且其概率密度为$f(x)$时,有

$$D(X)=\int_{-\infty}^{+\infty}[x-E(X)]^2 f(x)\mathrm{d}x. \tag{4-9}$$

下面给出计算方差的重要公式:

$$D(X)=E(X^2)-[E(X)]^2. \tag{4-10}$$

证明 $D(X)=E\{[X-E(X)]^2\}=E\{X^2-2E(X)\cdot X+[E(X)]^2\}$
$=E(X^2)-2E(X)\cdot E(X)+[E(X)]^2=E(X^2)-[E(X)]^2$.

二、常见分布的方差

1. 两点分布((0—1)分布)

设随机变量$X \sim B(1,p)$,则$D(X)=p(1-p)$.

证明 因为$(0-1)$分布的数学期望$E(X)=p$,又

$$E(X^2)=0^2 \cdot (1-p)+1^2 \cdot p = p,$$

所以

$$D(X)=E(X^2)-[E(X)]^2 = p-p^2 = p(1-p).$$

2. 二项分布

设随机变量$X \sim B(n,p)(0<p<1)$,则$D(X)=np(1-p)$.

证明 因为二项分布的数学期望$E(X)=np$,又

$$E(X^2)=E[X+X(X-1)]=E(X)+E[X(X-1)],$$

而

$$E[X(X-1)]=\sum_{k=0}^{n}k(k-1)C_n^k p^k (1-p)^{n-k}=\sum_{k=2}^{n}k(k-1)C_n^k p^k (1-p)^{n-k}$$

$$=n(n-1)p^2 \sum_{k=2}^{n}\frac{(n-2)!}{(k-2)![(n-2)-(k-2)]!}p^{k-2}(1-p)^{(n-2)-(k-2)}$$

$$=n(n-1)p^2 \sum_{k=2}^{n}C_{n-2}^{k-2} p^{k-2}(1-p)^{(n-2)-(k-2)}$$

$$=n(n-1)p^2(p+1-p)^{n-2}=n^2 p^2-np^2,$$

所以

$$E(X^2)=np+n^2 p^2-np^2,$$

从而
$$D(X)=E(X^2)-[E(X)]^2=np+n^2p^2-np^2-n^2p^2=np(1-p).$$

3. 泊松分布

设随机变量 $X \sim P(\lambda)(\lambda > 0)$，则 $D(X)=\lambda$.

证明 因为泊松分布的数学期望 $E(X)=\lambda$，又 $E(X^2)=E[X+X(X-1)]=E(X)+E[X(X-1)]$，而

$$E[X(X-1)]=\sum_{k=0}^{\infty}k(k-1)\frac{\lambda^k}{k!}e^{-\lambda}=\lambda^2 e^{-\lambda}\sum_{k=2}^{\infty}\frac{\lambda^{k-2}}{(k-2)!}$$
$$=\lambda^2 e^{-\lambda}e^{\lambda}=\lambda^2,$$

所以 $E(X^2)=\lambda+\lambda^2$，从而
$$D(X)=E(X^2)-[E(X)]^2=\lambda+\lambda^2-\lambda^2=\lambda.$$

4. 均匀分布

设随机变量 $X \sim U[a,b]$，则 $D(X)=\dfrac{(b-a)^2}{12}$.

证明 因为均匀分布的数学期望 $E(X)=\dfrac{a+b}{2}$，又

$$E(X^2)=\int_{-\infty}^{a}x^2 \cdot 0 dx + \int_{a}^{b}x^2 \cdot \frac{1}{b-a}dx + \int_{b}^{+\infty}x^2 \cdot 0 dx$$
$$=\frac{1}{b-a} \cdot \frac{x^3}{3}\Big|_a^b=\frac{a^2+ab+b^2}{3},$$

所以
$$D(X)=E(X^2)-[E(X)]^2=\frac{a^2+ab+b^2}{3}-\left(\frac{a+b}{2}\right)^2=\frac{(b-a)^2}{12}.$$

5. 指数分布

设随机变量 $X \sim E(\lambda)(\lambda > 0)$，则 $D(X)=\dfrac{1}{\lambda^2}$.

证明 因为指数分布的数学期望 $E(X)=\dfrac{1}{\lambda}$，又

$$E(X^2)=\int_{-\infty}^{0}x^2 \cdot 0 dx + \int_{0}^{+\infty}x^2 \cdot \lambda e^{-\lambda x}dx$$
$$=-x^2 e^{-\lambda x}\Big|_0^{+\infty}+2\int_0^{+\infty}x e^{-\lambda x}dx=\frac{2}{\lambda^2},$$

所以
$$D(X)=E(X^2)-[E(X)]^2=\frac{2}{\lambda^2}-\left(\frac{1}{\lambda}\right)^2=\frac{1}{\lambda^2}.$$

6. 正态分布

设随机变量 $X \sim N(\mu,\sigma^2)$，则 $D(X)=\sigma^2$.

证明 由连续型随机变量的方差的定义，有

$$D(X)=\int_{-\infty}^{+\infty}(x-\mu)^2 \frac{1}{\sqrt{2\pi}\sigma}e^{-\frac{(x-\mu)^2}{2\sigma^2}}dx \xrightarrow{t=\frac{x-\mu}{\sigma}} \int_{-\infty}^{+\infty}\frac{\sigma^2 t^2}{\sqrt{2\pi}}e^{-\frac{t^2}{2}}dt$$

$$=-\sigma^2 \frac{t}{\sqrt{2\pi}} e^{-\frac{t^2}{2}} \Big|_{-\infty}^{+\infty} + \sigma^2 \int_{-\infty}^{+\infty} \frac{1}{\sqrt{2\pi}} e^{-\frac{t^2}{2}} dt = \sigma^2.$$

三、方差的性质

性质 1 设 C 为常数，则 $D(C)=0$.

证明 $D(C)=E\{[C-E(C)]^2\}=E[(C-C)^2]=0$.

性质 2 设 X 为随机变量，C 为常数，则 $D(CX)=C^2D(X)$.

证明 $D(CX)=E\{[CX-E(CX)]^2\}=E\{[CX-CE(X)]^2\}$
$=C^2E\{[X-E(X)]^2\}=C^2D(X)$.

性质 3 $D(X\pm Y)=D(X)+D(Y)\pm 2E\{[X-E(X)][Y-E(Y)]\}$.

证明 $D(X\pm Y)=E\{[(X\pm Y)-E(X\pm Y)]^2\}=E\{\{[X-E(X)]\pm[Y-E(Y)]\}^2\}$
$=E\{[X-E(X)]^2+[Y-E(Y)]^2\pm 2[X-E(X)][Y-E(Y)]\}$
$=E\{[X-E(X)]^2\}+E\{[Y-E(Y)]^2\}$
$\pm 2E\{[X-E(X)][Y-E(Y)]\}$
$=D(X)+D(Y)\pm 2E\{[X-E(X)][Y-E(Y)]\}$.

性质 4 若 X 与 Y 相互独立，则 $D(X\pm Y)=D(X)+D(Y)$.

证明 当 X 与 Y 相互独立时，有
$E\{[X-E(X)][Y-E(Y)]\}=E[XY-XE(Y)-YE(X)+E(X)E(Y)]$
$=E(XY)-E(X)E(Y)=0,$

所以 $D(X\pm Y)=D(X)+D(Y)$.

推论 1 设 $X_1, X_2, \cdots, X_n$ 相互独立，则
$$D(X_1\pm X_2\pm\cdots\pm X_n)=D(X_1)+D(X_2)+\cdots+D(X_n).$$

例 1 设随机变量 X 与 Y 相互独立，且 $D(X)=1, D(Y)=4$，求 $D(X-2Y)$ 和 $D(2X-Y)$.

解 因为 X 与 Y 相互独立，所以 X 与 $-2Y$ 相互独立，$2X$ 与 $-Y$ 相互独立. 于是
$D(X-2Y)=D(X)+D(-2Y)=D(X)+4D(Y)=1+4\times 4=17,$
$D(2X-Y)=D(2X)+D(Y)=4D(X)+D(Y)=4\times 1+4=8.$

例 2 一袋中有 n 张卡片，编号分别为 $1,2,\cdots,n$，从中有放回地抽出 k 张卡片，令 X 表示所抽得的 k 张卡片的编号之和，试求 $E(X)$ 及 $D(X)$.

解 令 $X_i(i=1,2,\cdots,k)$ 表示第 i 次抽得的卡片的编号，则 $X=X_1+X_2+\cdots+X_k$. 因为是有放回地抽取，所以 $X_1, X_2, \cdots, X_k$ 相互独立，且 $X_i(i=1,2,\cdots,k)$ 的分布律如表 4-6 所示.

表 4-6

X_i	1	2	$\cdots$	n
P	$\frac{1}{n}$	$\frac{1}{n}$	$\cdots$	$\frac{1}{n}$

数学实验
随机变量
的数字特征

于是

$$E(X_i) = 1 \cdot \frac{1}{n} + 2 \cdot \frac{1}{n} + \cdots + n \cdot \frac{1}{n} = \frac{n(n+1)}{2} \cdot \frac{1}{n} = \frac{n+1}{2},$$

$$E(X_i^2) = 1^2 \cdot \frac{1}{n} + 2^2 \cdot \frac{1}{n} + \cdots + n^2 \cdot \frac{1}{n} = \frac{n(n+1)(2n+1)}{6} \cdot \frac{1}{n} = \frac{(n+1)(2n+1)}{6},$$

$$D(X_i) = E(X_i^2) - [E(X_i)]^2 = \frac{(n+1)(2n+1)}{6} - \frac{(n+1)^2}{4} = \frac{1}{12}(n^2 - 1),$$

从而

$$E(X) = \sum_{i=1}^{k} E(X_i) = \frac{k}{2}(n+1), \quad D(X) = \sum_{i=1}^{k} D(X_i) = \frac{k}{12}(n^2 - 1).$$

例 3 设随机变量 X 的数学期望和方差都存在,且 $D(X) > 0$, $Y = \dfrac{X - E(X)}{\sqrt{D(X)}}$,试证:$E(Y) = 0, D(Y) = 1$.

证明 $E(Y) = E\left[\dfrac{X - E(X)}{\sqrt{D(X)}}\right] = \dfrac{1}{\sqrt{D(X)}} E[X - E(X)] = 0,$

$$D(Y) = D\left[\dfrac{X - E(X)}{\sqrt{D(X)}}\right] = \dfrac{1}{D(X)} D[X - E(X)] = 1.$$

常称 Y 为 X 的标准化随机变量.

常见分布的数字特征及应用举例

为了方便起见,现将 6 种常见分布的数学期望和方差汇集于表 4-7 中.

表 4-7

分布	分布律或概率密度	数学期望	方差
(0—1) 分布	$P\{X = k\} = p^k (1-p)^{1-k}, k = 0, 1$	p	$p(1-p)$
二项分布	$P\{X = k\} = C_n^k p^k (1-p)^{n-k}, k = 0, 1, 2, \cdots, n$	np	$np(1-p)$
泊松分布	$P\{X = k\} = \dfrac{\lambda^k}{k!} e^{-\lambda}, k = 0, 1, 2, \cdots, \lambda > 0$	λ	λ
均匀分布	$f(x) = \begin{cases} \dfrac{1}{b-a}, & a \leqslant x \leqslant b, \\ 0, & \text{其他} \end{cases}$	$\dfrac{a+b}{2}$	$\dfrac{(b-a)^2}{12}$
指数分布	$f(x) = \begin{cases} \lambda e^{-\lambda x}, & x > 0, \\ 0, & \text{其他}, \end{cases} \lambda > 0$	$\dfrac{1}{\lambda}$	$\dfrac{1}{\lambda^2}$
正态分布	$f(x) = \dfrac{1}{\sqrt{2\pi}\sigma} e^{-\frac{(x-\mu)^2}{2\sigma^2}}, \mu, \sigma$ 为常数,$\sigma > 0$	μ	σ^2

§4.3 协方差与相关系数

对于二维随机变量 (X, Y),如果 X 和 Y 的数学期望及方差都存在,这时 $E(X)$ 与 $E(Y)$

反映了 X 和 Y 各自的均值,$D(X)$ 与 $D(Y)$ 反映了 X 和 Y 各自离开均值的偏离程度,但它们对 X 和 Y 之间的相互关系没有提供任何信息. 能否用某些数值来揭示 X 和 Y 之间的联系呢? 本节就来讨论描述 X 与 Y 之间相关性的数字特征——协方差与相关系数.

一、协方差

定义 4.4 若随机变量 X 与 Y 的数学期望均存在,则称
$$E\{[X-E(X)][Y-E(Y)]\}$$
为 X 与 Y 的**协方差**,记作 $\mathrm{Cov}(X,Y)$,即
$$\mathrm{Cov}(X,Y)=E\{[X-E(X)][Y-E(Y)]\}. \tag{4-11}$$
利用数学期望的性质,易将协方差的计算化简为
$$\mathrm{Cov}(X,Y)=E(XY)-E(X)E(Y). \tag{4-12}$$
显然,当 X 与 Y 相互独立时,有 $\mathrm{Cov}(X,Y)=0$.

二、协方差的性质

设随机变量 X,Y,Z 的方差均存在,则协方差有以下性质:
(1) $\mathrm{Cov}(X,X)=D(X)$;
(2) $\mathrm{Cov}(X,Y)=\mathrm{Cov}(Y,X)$;
(3) $\mathrm{Cov}(aX,bY)=ab\mathrm{Cov}(X,Y)$,$a,b$ 是任意常数;
(4) $\mathrm{Cov}(X,C)=0$,C 是任意常数;
(5) $\mathrm{Cov}(X+Y,Z)=\mathrm{Cov}(X,Z)+\mathrm{Cov}(Y,Z)$;
(6) $D(X\pm Y)=D(X)+D(Y)\pm 2\mathrm{Cov}(X,Y)$.

三、相关系数

协方差虽然在一定程度上反映了两个随机变量 X 与 Y 之间的相互关系,但它还受 X 与 Y 本身度量单位的影响. 例如,让随机变量 X 与 Y 各自乘以非零常数 k,尽管 kX,kY 之间的联系与 X,Y 之间的联系从直观上看并无差别,但是 $\mathrm{Cov}(kX,kY)=k^2\mathrm{Cov}(X,Y)$,即协方差是原来的 k^2 倍,这说明两个随机变量取不同的度量单位时,其协方差不同. 为了克服这一缺点,引入以下定义.

定义 4.5 设 (X,Y) 为二维随机变量,且 $D(X)>0,D(Y)>0$,则称
$$\frac{\mathrm{Cov}(X,Y)}{\sqrt{D(X)}\cdot\sqrt{D(Y)}}$$
为 X 与 Y 的**相关系数**,记作 ρ_{XY},即
$$\rho_{XY}=\frac{\mathrm{Cov}(X,Y)}{\sqrt{D(X)}\cdot\sqrt{D(Y)}}. \tag{4-13}$$
当 $\rho_{XY}=0$ 时,称 X 与 Y **不相关**.

定理 4.3 设随机变量 X 与 Y 的方差均存在,相关系数为 ρ_{XY},则有
(1) $|\rho_{XY}|\leqslant 1$;
(2) $|\rho_{XY}|=1$ 的充要条件为存在常数 $a(a\neq 0),b$,使得 $P\{Y=aX+b\}=1$.

注 (1) 相关系数 ρ_{XY} 是一个刻画 X,Y 之间线性关系紧密程度的量. 当 $|\rho_{XY}|$ 较大时,我们通常说 X 与 Y 线性相关程度较强;当 $|\rho_{XY}|$ 较小时,我们说 X 与 Y 线性相关程度较弱. 特别地,当 $|\rho_{XY}|=1$ 时,我们说 X 与 Y 之间在概率为 1 的意义下存在 $Y=aX+b$ 的线性关系;当 $\rho_{XY}=0$ 时,我们说 X 与 Y 之间不存在线性关系.

(2) 一般来说,X 与 Y 不相关和 X 与 Y 相互独立是两个不同的概念. X 与 Y 不相关是指 X 与 Y 之间不存在线性关系,但可能存在其他关系;X 与 Y 相互独立是指 X 与 Y 之间没有任何关系. 若 X 与 Y 相互独立,则 X 与 Y 一定不相关,但反过来不一定成立,即若 X 与 Y 不相关,不能推出 X 与 Y 相互独立.

(3) 关于 ρ_{XY} 的符号:当 $\rho_{XY}>0$ 时,称 X 与 Y **正相关**;反之,当 $\rho_{XY}<0$ 时,称 X 与 Y **负相关**. 正相关表示两个随机变量有同时增加或同时减少的变化趋势,而负相关表示两个随机变量有相反的变化趋势.

例 1 设二维随机变量 (X,Y) 的联合分布律如表 4-8 所示,试证:X 与 Y 既不相关也不相互独立.

表 4-8

X	Y	
	0	1
-1	0	$\frac{1}{3}$
0	$\frac{1}{3}$	0
1	0	$\frac{1}{3}$

证明 由表 4-8 得随机变量 X 与 Y 的边缘分布律分别如表 4-9 和表 4-10 所示.

表 4-9

X	-1	0	1
P	$\frac{1}{3}$	$\frac{1}{3}$	$\frac{1}{3}$

表 4-10

Y	0	1
P	$\frac{1}{3}$	$\frac{2}{3}$

因为

$$E(X)=-1\times\frac{1}{3}+0\times\frac{1}{3}+1\times\frac{1}{3}=0,$$

$$E(Y)=0\times\frac{1}{3}+1\times\frac{2}{3}=\frac{2}{3},$$

$$E(XY)=-1\times1\times\frac{1}{3}+1\times1\times\frac{1}{3}=0,$$

所以

$$\text{Cov}(X,Y)=E(XY)-E(X)E(Y)=0-0\times\frac{2}{3}=0,$$

从而

$$\rho_{XY} = \frac{\mathrm{Cov}(X,Y)}{\sqrt{D(X)} \cdot \sqrt{D(Y)}} = 0.$$

因此 X 与 Y 不相关. 又因为

$$P\{X=-1, Y=0\}=0, \quad P\{X=-1\} \cdot P\{Y=0\} = \frac{1}{3} \times \frac{1}{3} = \frac{1}{9},$$

$$P\{X=-1, Y=0\} \neq P\{X=-1\} \cdot P\{Y=0\},$$

所以 X 与 Y 不相互独立.

例 2 设二维连续型随机变量 (X,Y) 的联合概率密度为

$$f(x,y) = \begin{cases} \dfrac{1}{4}(1-x^3 y + xy^3), & |x|<1, |y|<1, \\ 0, & \text{其他}, \end{cases}$$

试证：X 与 Y 既不相关也不相互独立.

证明 首先求出 $E(X)$ 和 $E(Y)$.

当 $|x|<1$ 时，有

$$f_X(x) = \int_{-\infty}^{+\infty} f(x,y)\mathrm{d}y = \int_{-1}^{1} \frac{1}{4}(1-x^3 y + xy^3)\mathrm{d}y = \frac{1}{2};$$

当 $|x| \geqslant 1$ 时，有

$$f_X(x) = \int_{-\infty}^{+\infty} f(x,y)\mathrm{d}y = 0.$$

故

$$f_X(x) = \begin{cases} \dfrac{1}{2}, & |x|<1, \\ 0, & \text{其他}, \end{cases}$$

从而

$$E(X) = \int_{-1}^{1} \frac{1}{2} x \,\mathrm{d}x = 0.$$

同理可得

$$f_Y(y) = \begin{cases} \dfrac{1}{2}, & |y|<1, \\ 0, & \text{其他}, \end{cases} \quad E(Y) = 0.$$

又

$$E(XY) = \frac{1}{4}\int_{-1}^{1}\int_{-1}^{1} xy(1-x^3 y + xy^3)\mathrm{d}x\mathrm{d}y = 0,$$

故

$$\mathrm{Cov}(X,Y) = E(XY) - E(X)E(Y) = 0,$$

从而 $\rho_{XY} = 0$. 因此 X 与 Y 不相关.

又因为当 $|x|<1,|y|<1$,且 $xy\neq 0$ 时,有 $f(x,y)\neq f_X(x)f_Y(y)$,所以 X 与 Y 不相互独立.

我们知道,在一般情况下,由 X 与 Y 相互独立可以推得 X 与 Y 不相关,反之不一定成立. 但是,对二维正态随机变量 (X,Y) 而言 $[(X,Y)\sim N(\mu_1,\mu_2,\sigma_1^2,\sigma_2^2,\rho)]$,$X$ 与 Y 相互独立和 X 与 Y 不相关是等价的.

由前面的讨论可知,下面的 4 个命题是等价的:
(1) $\rho_{XY}=0$,即 X 与 Y 不相关;
(2) $\text{Cov}(X,Y)=0$;
(3) $E(XY)=E(X)E(Y)$;
(4) $D(X\pm Y)=D(X)+D(Y)$.

§4.4 矩与协方差矩阵

本节再简单介绍两类随机变量的数字特征——矩与协方差矩阵.

定义 4.6 设 X 为随机变量,若
$$E(X^k) \quad (k=1,2,\cdots)$$
存在,则称 $E(X^k)$ 为 X 的 k **阶原点矩**.

定义 4.7 设 X 为随机变量,其数学期望 $E(X)=\mu$. 若
$$E[(X-\mu)^k] \quad (k=1,2,\cdots)$$
存在,则称 $E[(X-\mu)^k]$ 为 X 的 k **阶中心矩**.

显然,X 的数学期望 $E(X)$ 是 X 的一阶原点矩,方差 $D(X)$ 是 X 的二阶中心矩.

定义 4.8 设 (X,Y) 是二维随机变量,称矩阵
$$\begin{pmatrix} D(X) & \text{Cov}(X,Y) \\ \text{Cov}(Y,X) & D(Y) \end{pmatrix} = \begin{pmatrix} \text{Cov}(X,X) & \text{Cov}(X,Y) \\ \text{Cov}(Y,X) & \text{Cov}(Y,Y) \end{pmatrix}$$
为 (X,Y) 的**协方差矩阵**.

类似地,可定义 n 维随机变量 $(X_1,X_2,\cdots,X_n)$ 的协方差矩阵为
$$\begin{pmatrix} \text{Cov}(X_1,X_1) & \text{Cov}(X_1,X_2) & \cdots & \text{Cov}(X_1,X_n) \\ \text{Cov}(X_2,X_1) & \text{Cov}(X_2,X_2) & \cdots & \text{Cov}(X_2,X_n) \\ \vdots & \vdots & & \vdots \\ \text{Cov}(X_n,X_1) & \text{Cov}(X_n,X_2) & \cdots & \text{Cov}(X_n,X_n) \end{pmatrix}.$$

习题四

1. 设随机变量 X 的分布律如表 4-11 所示,求:
   (1) $E(X)$;
   (2) $E(3X^2+5)$.

表 4-11

X	-2	0	2
P	0.4	0.3	0.3

2. 在一次射击比赛中,每名选手有 4 次射击机会,比赛规定:4 次全未命中目标得 0 分,只命中 1 次得 15 分,命中 2 次得 30 分,命中 3 次得 55 分,命中 4 次得 100 分. 已知某人每次射击的命中率为 0.6,问:他的平均得分是多少?

3. 设随机变量 X 的概率密度为

$$f(x)=\begin{cases}\dfrac{1}{\pi\sqrt{1-x^2}}, & |x|<1, \\ 0, & |x|\geqslant 1,\end{cases}$$

求 $E(X)$.

4. 某厂生产的一种设备的使用寿命 X(单位:年)的概率密度为

$$f(x)=\begin{cases}\dfrac{1}{4}\mathrm{e}^{-\frac{x}{4}}, & x>0, \\ 0, & x\leqslant 0.\end{cases}$$

厂方规定:已售设备在一年以上损坏不予以调换. 设该厂出售一台设备盈利 100 元,调换一台设备损失 300 元,求厂方出售一台设备盈利值的数学期望.

5. 某车间生产的圆盘直径在区间 $[a,b]$ 上服从均匀分布,试求圆盘面积的数学期望.

6. 设二维随机变量 (X,Y) 的联合分布律如表 4-12 所示,求 $E(X),E(Y),D(Y)$,$\mathrm{Cov}(X,Y)$.

表 4-12

X	Y	
	0	1
0	0.1	0.2
1	0.3	0.4

7. 设随机变量 X 与 Y 相互独立,其概率密度分别为

$$f_X(x)=\begin{cases}2x, & 0\leqslant x\leqslant 1, \\ 0, & \text{其他},\end{cases}\quad f_Y(y)=\begin{cases}\mathrm{e}^{5-y}, & y>5, \\ 0, & y\leqslant 5,\end{cases}$$

求 $E(XY)$.

8. 设二维随机变量 (X,Y) 服从圆域 $\{(x,y)\mid x^2+y^2\leqslant R^2\}$ 上的均匀分布,且 $Z=\sqrt{X^2+Y^2}$,求 $E(Z)$.

9. 设二维随机变量(X,Y)的联合概率密度为
$$f(x,y)=\begin{cases}\dfrac{1}{8}(x+y), & 0\leqslant x\leqslant 2,0\leqslant y\leqslant 2,\\ 0, & 其他,\end{cases}$$
求$D(X)$.

10. 设随机变量X与Y相互独立,且$X\sim N(1,2)$,$Y\sim N(0,1)$,记$Z=2X-Y+3$,试求:
(1) $E(Z),D(Z)$;
(2) Z的概率密度.

11. 设二维随机变量(X,Y)的联合分布律如表4-13所示,试证:X与Y既不相关也不相互独立.

表 4-13

X	Y		
	-1	0	1
-1	$\dfrac{1}{8}$	$\dfrac{1}{8}$	$\dfrac{1}{8}$
0	$\dfrac{1}{8}$	0	$\dfrac{1}{8}$
1	$\dfrac{1}{8}$	$\dfrac{1}{8}$	$\dfrac{1}{8}$

12. 设有两个随机变量X和Y,已知$D(X)=25$,$D(Y)=36$,$\rho_{XY}=0.4$,求$D(X+Y)$和$D(X-Y)$.

13. 设二维随机变量(X,Y)的联合概率密度为
$$f(x,y)=\begin{cases}e^{-(x+y)}, & x>0,y<0,\\ 0, & 其他,\end{cases}$$
求:
(1) $\text{Cov}(X,Y)$;
(2) ρ_{XY}.

14. 设二维随机变量(X,Y)在以$(0,0),(0,2),(2,0)$为顶点的三角形区域D上服从均匀分布,求$\text{Cov}(X,Y)$.

15. 设随机变量$X\sim N(1,3^2)$,$Y\sim N(0,4^2)$,且(X,Y)服从二维正态分布,X与Y的相关系数$\rho_{XY}=-\dfrac{1}{2}$,记$Z=\dfrac{X}{3}+\dfrac{Y}{2}$,求:
(1) $E(Z),D(Z)$;
(2) X与Z的相关系数ρ_{XZ}.

16. 已知二维随机变量(X,Y)的概率密度为
$$f(x,y)=\begin{cases}6x^2y, & 0\leqslant x\leqslant 1,0\leqslant y\leqslant 1,\\ 0, & 其他,\end{cases}$$
问:X与Y是否相互独立? X与Y是否相关?

17. 设随机变量X与Y相互独立,且X与Y的分布律相同,记$U=X+Y,V=X-Y$,试证:$\rho_{UV}=0$.

第五章

大数定律与中心极限定理

大数定律与中心极限定理是概率论中的基本理论,在概率论与数理统计的理论研究和实际应用中都具有重要意义. 大数定律从理论上阐述了大量随机现象平均结果的稳定性,反映了随机事件的概率与频率之间的内在关系,而中心极限定理介绍了大量随机变量之和的分布逼近正态分布的性质,揭示了正态分布广泛存在的原因. 本章主要介绍大数定律与中心极限定理.

学习目标与知识结构

§5.1 大数定律

在第一章我们已经指出,随机事件发生的频率具有稳定性,这一节我们将对频率的稳定性给出理论说明.

一、切比雪夫不等式

定理 5.1 设随机变量 X 具有数学期望 $E(X)=\mu$,方差 $D(X)=\sigma^2$,则对任意正数 ε,有

$$P\{|X-\mu|\geqslant \varepsilon\}\leqslant \frac{\sigma^2}{\varepsilon^2} \qquad (5-1)$$

或

$$P\{|X-\mu|<\varepsilon\}\geqslant 1-\frac{\sigma^2}{\varepsilon^2}.$$

上述两个不等式称为**切比雪夫不等式**.

证明 只对 X 是连续型随机变量的情形来加以证明.
设 X 的概率密度为 $f(x)$,则

$$P\{|X-\mu|\geqslant \varepsilon\}=\int_{|x-\mu|\geqslant \varepsilon}f(x)\mathrm{d}x\leqslant \int_{|x-\mu|\geqslant \varepsilon}\frac{|x-\mu|^2}{\varepsilon^2}f(x)\mathrm{d}x$$

大数定律的生活体现

$$\leqslant \frac{1}{\varepsilon^2}\int_{-\infty}^{+\infty}(x-\mu)^2 f(x)\mathrm{d}x = \frac{\sigma^2}{\varepsilon^2}.$$

切比雪夫不等式说明,随机变量 X 的方差 σ^2 越小,事件 $\{|X-\mu|<\varepsilon\}$ 发生的概率越大,即 X 的取值集中在它的数学期望 μ 附近的概率越大. 这也进一步说明了方差的意义.

利用切比雪夫不等式可以在随机变量 X 的数学期望和方差已知但具体分布未知的情形下,估计概率 $P\{|X-\mu|\geqslant\varepsilon\}$ 或 $P\{|X-\mu|<\varepsilon\}$ 的大小.

例 1 设随机变量 $X\sim N(\mu,\sigma^2)$,试估计 X 落入 $(\mu-3\sigma,\mu+3\sigma)$ 内的概率.

解 根据切比雪夫不等式,有

$$P\{|X-\mu|<3\sigma\}\geqslant 1-\frac{\sigma^2}{9\sigma^2}=0.8889,$$

即

$$P\{\mu-3\sigma<X<\mu+3\sigma\}\geqslant 0.8889.$$

由 §2.5 中正态分布的"3σ 法则"知

$$P\{\mu-3\sigma<X<\mu+3\sigma\}=0.9973.$$

由此可见,利用切比雪夫不等式估计得到的结果与精确值相差较大,这表明切比雪夫不等式的估计精度不够高,但它在理论上仍具有重大意义.

例 2 设某电站供电网包含 10 000 盏电灯,夜晚每盏电灯开灯的概率都是 0.7,假定各电灯的开、关时间彼此独立,试估计夜晚同时开着的电灯数在 6 800 盏至 7 200 盏之间的概率.

解 设 X 表示夜晚同时开着的电灯数(单位:盏),则依题意知 X 服从参数为 $n=10\,000, p=0.7$ 的二项分布,这时有

$$E(X)=np=7\,000,\quad D(X)=np(1-p)=2\,100.$$

由切比雪夫不等式可得

$$P\{6\,800<X<7\,200\}=P\{|X-7\,000|<200\}\geqslant 1-\frac{2\,100}{200^2}=0.9475.$$

二、大数定律

定义 5.1 若对于任意正整数 $n>1$,随机变量 $X_1, X_2, \cdots, X_n$ 都相互独立,则称随机变量序列 $X_1, X_2, \cdots, X_n, \cdots$ 相互独立.

大数定律中偶然性与必然性对立统一的哲学思想

定理 5.2(切比雪夫大数定律) 设 $X_1, X_2, \cdots, X_n, \cdots$ 是相互独立、服从同一分布的随机变量序列,且 $E(X_i)=\mu, D(X_i)=\sigma^2 (i=1,2,\cdots)$. 记前 n 个随机变量的算数平均为 $Y_n=\frac{1}{n}\sum_{i=1}^{n}X_i$,则对任意正数 ε,有

$$\lim_{n\to\infty}P\{|Y_n-\mu|<\varepsilon\}=1. \qquad (5-2)$$

证明 因为

$$E(Y_n)=E\left(\frac{1}{n}\sum_{i=1}^{n}X_i\right)=\frac{1}{n}E\left(\sum_{i=1}^{n}X_i\right)=\frac{1}{n}\sum_{i=1}^{n}E(X_i)=\frac{1}{n}\cdot n\mu=\mu,$$

$$D(Y_n)=D\left(\frac{1}{n}\sum_{i=1}^{n}X_i\right)=\frac{1}{n^2}D\left(\sum_{i=1}^{n}X_i\right)=\frac{1}{n^2}\sum_{i=1}^{n}D(X_i)=\frac{1}{n^2}\cdot n\sigma^2=\frac{\sigma^2}{n},$$

所以由切比雪夫不等式得

$$P\{|Y_n-\mu|<\varepsilon\}\geqslant 1-\frac{\sigma^2}{n\varepsilon^2}.$$

又由于任何事件发生的概率都不可能大于 1,因此有

$$1-\frac{\sigma^2}{n\varepsilon^2}\leqslant P\{|Y_n-\mu|<\varepsilon\}\leqslant 1.$$

切比雪夫

令 $n\to\infty$,由夹逼准则得

$$\lim_{n\to\infty}P\{|Y_n-\mu|<\varepsilon\}=1.$$

定理 5.2 表明,无论 ε 多小,当 n 充分大时,事件 $\{|Y_n-\mu|<\varepsilon\}$ 发生的概率可任意接近于 1,这说明了测量中常采用算术平均值的合理性.

定理 5.3(伯努利大数定律) 设 n_A 是 n 次独立重复试验中事件 A 发生的次数,p 是每次试验中 A 发生的概率,则对任意正数 ε,有

$$\lim_{n\to\infty}P\left\{\left|\frac{n_A}{n}-p\right|<\varepsilon\right\}=1 \tag{5-3}$$

或

$$\lim_{n\to\infty}P\left\{\left|\frac{n_A}{n}-p\right|\geqslant\varepsilon\right\}=0.$$

证明 令

$$X_i=\begin{cases}1, & \text{第 }i\text{ 次试验中事件 }A\text{ 发生},\\0, & \text{第 }i\text{ 次试验中事件 }A\text{ 不发生}\end{cases}\quad(i=1,2,\cdots),$$

则 $X_1,X_2,\cdots,X_n,\cdots$ 是相互独立的随机变量序列,且 X_i 均服从两点分布,从而有

$$E(X_i)=p,\quad D(X_i)=p(1-p).$$

注意到 $n_A=\sum_{i=1}^{n}X_i$,由切比雪夫大数定律,有

$$\lim_{n\to\infty}P\left\{\left|\frac{n_A}{n}-p\right|<\varepsilon\right\}=1.$$

定理 5.3 以严格的数学证明表现了频率的稳定性,即当试验次数 n 充分大时,事件 A 发生的频率 $\frac{n_A}{n}$ 与概率 p 可以任意接近,也即频率 $\frac{n_A}{n}$ 逐渐稳定在概率 p 左右. 该定理为在实际应用中用频率代替概率提供了理论依据.

定理 5.4(辛钦大数定律) 设 $X_1,X_2,\cdots,X_n,\cdots$ 是相互独立、服从同一分布的随机变量序列,且 $E(X_i)=\mu\,(i=1,2,\cdots)$,则对任意正数 ε,有

$$\lim_{n\to\infty}P\left\{\left|\frac{1}{n}\sum_{i=1}^{n}X_i-\mu\right|<\varepsilon\right\}=1.$$

辛钦

显然,辛钦大数定律是对切比雪夫大数定律的推广.

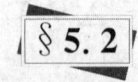 中心极限定理

在客观实际中,有许多随机变量是受大量相互独立的随机因素的综合影响所形成的,而其中每一个因素在总的影响中所起的作用都是微小的,这种随机变量一般都服从或近似服从正态分布.例如,测量误差是受测量仪器、环境温度、湿度、光线、视觉、心理等因素的综合影响所形成的,这些因素相互独立,且每一个因素对测量误差的影响都是微小的,但它们累加起来的总和却对测量误差有明显的影响,致使测量误差近似服从正态分布.又如,炮弹射击的落点与目标的偏差,受到炮手、空气阻力、炮弹或炮身结构等因素的影响,这些因素的综合影响使得炮弹射击的偏差近似服从正态分布.中心极限定理从理论上证明了大量独立随机变量的和近似服从正态分布的性质.

一、独立同分布的中心极限定理

定理 5.5(独立同分布的中心极限定理) 设 $X_1, X_2, \cdots, X_n, \cdots$ 是相互独立、服从同一分布的随机变量序列,且 $E(X_i) = \mu, D(X_i) = \sigma^2 > 0 (i = 1, 2, \cdots)$,则随机变量

$$Y_n = \frac{\sum_{i=1}^{n} X_i - E(\sum_{i=1}^{n} X_i)}{\sqrt{D(\sum_{i=1}^{n} X_i)}} = \frac{\sum_{i=1}^{n} X_i - n\mu}{\sqrt{n}\sigma}$$

的分布函数 $F_n(x)$ 对于任意 x,满足

$$\lim_{n \to \infty} F_n(x) = \lim_{n \to \infty} P\left\{ \frac{\sum_{i=1}^{n} X_i - n\mu}{\sqrt{n}\sigma} \leqslant x \right\} = \int_{-\infty}^{x} \frac{1}{\sqrt{2\pi}} e^{-\frac{t^2}{2}} dt = \Phi(x).$$

由定理 5.5 的结论可知,当 n 充分大时,近似地有

$$Y_n = \frac{\sum_{i=1}^{n} X_i - n\mu}{\sqrt{n}\sigma} \sim N(0, 1).$$

或者说,当 n 充分大时,近似地有

$$\sum_{i=1}^{n} X_i \sim N(n\mu, n\sigma^2).$$

例1 (电器元件的寿命问题)根据以往的经验可知,某种电器元件的寿命(单位:h)服从数学期望为 100 的指数分布.现随机地取 16 只该种元件,设它们的寿命是相互独立的,求这 16 只元件寿命的总和大于 1 920 h 的概率.

解 设第 $i(i = 1, 2, \cdots, 16)$ 只元件的寿命(单位:h)为 $X_i \sim E(\lambda)$,则由题意可知

$$\lambda = \frac{1}{100}, \quad E(X_i) = 100, \quad D(X_i) = 10\,000.$$

记 16 只元件寿命的总和为 Y,则 $Y = \sum_{i=1}^{16} X_i$,且

$$E(Y) = 1\,600, \quad D(Y) = 160\,000.$$

由独立同分布的中心极限定理可知,近似地有

$$\frac{Y - 1\,600}{400} \sim N(0,1),$$

故所求概率为

$$P\{Y > 1\,920\} = 1 - P\{Y \leqslant 1\,920\} = 1 - P\left\{\frac{Y - 1\,600}{400} \leqslant \frac{1\,920 - 1\,600}{400}\right\}$$
$$\approx 1 - \Phi(0.8) = 1 - 0.788\,1 = 0.211\,9.$$

例 2 （载货量估计）一生产线生产的产品成箱包装,每箱的质量是随机的. 假设每箱的平均质量为 50 kg,标准差为 5 kg,若用最大载重为 5 t 的汽车承运,试用中心极限定理说明每辆汽车最多可装多少箱,才能保证不超载的概率大于 0.997.

解 设 $X_i (i=1,2,\cdots,n)$ 表示第 i 箱产品的质量（单位:kg）,则由题意可知 X_1, $X_2,\cdots,X_n$ 独立同分布,且

$$E(X_i) = 50, \quad D(X_i) = 25.$$

记 n 箱产品的总质量为 Y,则 $Y = \sum_{i=1}^{n} X_i$,且

$$E(Y) = 50n, \quad D(Y) = 25n.$$

由独立同分布的中心极限定理可知,近似地有

$$\frac{Y - 50n}{5\sqrt{n}} \sim N(0,1),$$

故应有

$$P\{Y \leqslant 5\,000\} = P\left\{\frac{Y - 50n}{5\sqrt{n}} \leqslant \frac{5\,000 - 50n}{5\sqrt{n}}\right\} \approx \Phi\left(\frac{1\,000 - 10n}{\sqrt{n}}\right) > 0.997,$$

即 $\dfrac{1\,000 - 10n}{\sqrt{n}} \geqslant 2.75$,解得 $n \leqslant 97.29$. 所以,每辆汽车最多装载 97 箱,可以以 99.7% 的概率保证不会超载.

二、棣莫弗-拉普拉斯定理

定理 5.6（棣莫弗-拉普拉斯定理） 设随机变量 X 服从参数为 $n,p(0<p<1)$ 的二项分布,则对于任意 x,有

$$\lim_{n \to \infty} P\left\{\frac{X - np}{\sqrt{np(1-p)}} \leqslant x\right\} = \int_{-\infty}^{x} \frac{1}{\sqrt{2\pi}} e^{-\frac{t^2}{2}} dt = \Phi(x).$$

定理 5.6 表明,当 n 充分大时,我们可以利用正态分布来计算二项分布

棣莫弗

例 3 （废品数估计）某厂生产的产品的废品率是 $p=0.005$，求 10 000 件产品中废品数不大于 70 的概率．

解 设 X 表示"10 000 件产品中的废品数"，则由题意可知 $X \sim B(n,p)$，且
$$n=10\,000, \quad p=0.005, \quad np=50, \quad \sqrt{np(1-p)}=7.053.$$

拉普拉斯

由棣莫弗-拉普拉斯定理可知，随机变量 $\dfrac{X-50}{7.053}$ 近似服从标准正态分布 $N(0,1)$，故所求概率为
$$P\{X \leqslant 70\} = P\left\{\dfrac{X-50}{7.053} \leqslant \dfrac{70-50}{7.053}\right\} \approx \Phi\left(\dfrac{70-50}{7.053}\right) = \Phi(2.84) = 0.997\,7.$$

例 4 （排版错误分析）一本小说共 20 万字，假定每个字被错排的概率为 10^{-5}，求这本小说中有 6 个及以上错排字的概率(设书中每个字被错排是相互独立的)．

解 设 X 表示"这本小说中的错排字数"，则由题意可知 $X \sim B(n,p)$，且
$$n=200\,000, \quad p=10^{-5}, \quad np=2, \quad \sqrt{np(1-p)}=1.414.$$

由棣莫弗-拉普拉斯定理可知，随机变量 $\dfrac{X-2}{1.414}$ 近似服从标准正态分布 $N(0,1)$，故所求概率为
$$P\{X \geqslant 6\} = 1-P\{X \leqslant 5\} = 1 - P\left\{\dfrac{X-2}{1.414} \leqslant \dfrac{5-2}{1.414}\right\}$$
$$\approx 1-\Phi\left(\dfrac{5-2}{1.414}\right) = 1-\Phi(2.12) = 1-0.983\,0 = 0.017\,0.$$

例 5 （供电问题）某车间有 200 台车床，生产期间由于检修、调换刀具、变换位置等常常需要停工．设每台车床的开工率为 0.6，且每台车床的工作是相互独立的，若每台车床开工时需电力 1 kW，问：至少应供应多少电力才能以 99.9% 的概率保证该车间不会因供电不足而影响生产？

解 设 X 表示"某时刻开工的车床数"，则由题意可知 $X \sim B(n,p)$，且
$$n=200, \quad p=0.6, \quad np=120, \quad \sqrt{np(1-p)}=\sqrt{48}.$$

由棣莫弗-拉普拉斯定理可知，随机变量 $\dfrac{X-120}{\sqrt{48}}$ 近似服从标准正态分布 $N(0,1)$．设至少应供应 N kW 电力，则应有
$$P\{X \leqslant N\} = P\left\{\dfrac{X-120}{\sqrt{48}} \leqslant \dfrac{N-120}{\sqrt{48}}\right\} \approx \Phi\left(\dfrac{N-120}{\sqrt{48}}\right) \geqslant 0.999,$$

即 $\dfrac{N-120}{\sqrt{48}} \geqslant 3.1$，解得 $N \geqslant 141.48$．因此，至少应供应 141.48 kW 电力才能以 99.9% 的概率保证该车间不会因供电不足而影响生产．

习题五

1. 已知正常成年男性血液中每毫升白细胞数平均是 7 300, 方差是 700^2, 利用切比雪夫不等式估计某成年男性血液中每毫升白细胞数在 5 200 至 9 400 之间的概率.

2. 若随机变量 $X_1, X_2, \cdots, X_{100}$ 相互独立且都服从区间 $[0,6]$ 上的均匀分布, 记 $Y = \sum_{i=1}^{100} X_i$, 利用切比雪夫不等式估计概率 $P\{260 < Y < 340\}$ 的大小.

3. 一颗骰子连续掷 4 次, 点数总和记为 X, 利用切比雪夫不等式估计概率 $P\{10 < X < 18\}$ 的大小.

4. 某药厂断言, 该厂生产的某种药品对医治一种疑难血液病的治愈率为 0.8, 医院检验员任意抽查 100 位服用此种药品的病人, 如果有多于 75 人治愈, 就接受这一断言, 否则就拒绝这一断言.
   (1) 若实际上此种药品对这种疾病的治愈率是 0.8, 问: 接受这一断言的概率是多少?
   (2) 若实际上此种药品对这种疾病的治愈率是 0.7, 问: 接受这一断言的概率是多少?

5. 某种电子元件的合格率为 0.6, 试求 10 000 个这种电子元件中合格数在 5 800 至 6 200 之间的概率.

6. 某保险公司推出一种意外死亡险, 共有 10 000 人购买了该保险, 每人每年须交付保险费 10 元. 当被保险人意外死亡时, 其家属可从保险公司领取 2 000 元赔偿费. 已知每人在一年内的意外死亡率为 0.001, 利用中心极限定理, 求:
   (1) 保险公司一年内获利不少于 80 000 元的概率;
   (2) 保险公司一年内亏本的概率.

7. 设某学校有 10 000 名学生, 在周末每名学生去阅览室自修的概率是 0.1, 且每名学生是否去阅览室自修相互独立, 试问: 该阅览室至少应设多少个座位, 才能以不低于 0.95 的概率保证每名来阅览室自修的学生均有座位?

第六章

样本与抽样分布

学习目标与
知识结构

本书前五章介绍了概率论的基本内容,从本章开始,将进入数理统计的研究范畴. 在概率论中,我们所研究的随机变量的分布都是已知的,或者假设已知的,并在这个前提下去研究它的性质、特点和规律性. 而在数理统计中,我们所研究的随机变量的分布是未知的,或者知道其分布类型,但其中的参数是未知的. 此时,我们需要以概率论为基础,利用试验得到的数据,对所研究的随机变量的分布做出合理的推断.

本章主要介绍总体、样本及统计量等基本概念,并着重介绍几个常用统计量及抽样分布.

§6.1 数理统计的基本概念

一、总体与样本

定义 6.1 研究对象的全体称为**总体**,构成总体的每个基本单元称为**个体**.

值得注意的是,在数理统计中,我们通常关心的是总体和个体的某个(或多个)特定的数量指标. 例如,我们要了解某地区中学生的体重分布状况,那么该地区所有中学生的体重构成一个总体,每个中学生的体重就是一个个体. 又如,我们要研究全国职工的年收入状况,则全国职工的年收入就是总体,每个职工的年收入就是一个个体.

由于每个个体的出现是随机的,因此相应的数量指标的出现也带有随机性,于是它可以看作某一随机变量 X 的值. 这样,一个总体对应一个随机变量 X,简称总体 X,随机变量 X 的分布称为总体分布. 数理统计的目的就是了解总体 X 的分布特征和统计规律.

定义 6.2 从总体中抽出若干个个体所组成的集合,称为**样本**,样本中所含个体的个数,称为**样本容量**.

从总体 X 中抽取一个样本容量为 n 的样本,记作 $X_1, X_2, \cdots, X_n$. 因为抽取具有随机性,

所以每个 $X_i(i=1,2,\cdots,n)$ 都是一个随机变量. 来自总体的样本要能反映总体的本质特征,故要求样本具有代表性和独立性. 这在数学上则要求每个个体 $X_i(i=1,2,\cdots,n)$ 应和总体 X 具有同一分布,且 $X_1,X_2,\cdots,X_n$ 是相互独立的. 为此,给出以下定义.

定义 6.3 设 $X_1,X_2,\cdots,X_n$ 为相互独立的且和总体 X 具有同一分布的 n 个随机变量,则称 $X_1,X_2,\cdots,X_n$ 为来自总体 X 的样本容量为 n 的一个**简单随机样本**. 当一次抽取完成后,即可得到一组具体的数据 $x_1,x_2,\cdots,x_n$,称为简单随机样本 $X_1,X_2,\cdots,X_n$ 的观察值,简称**样本值**.

注 后面假定所考虑的样本均为简单随机样本,简称样本.

若 $X_1,X_2,\cdots,X_n$ 为总体 X 的一个样本,X 的分布函数为 $F(x)$,则 $X_1,X_2,\cdots,X_n$ 的联合分布函数为

$$F(x_1,x_2,\cdots,x_n)=\prod_{i=1}^{n}F(x_i).$$

又若 X 为连续型随机变量,其概率密度为 $f(x)$,则 $X_1,X_2,\cdots,X_n$ 的联合概率密度为

$$f(x_1,x_2,\cdots,x_n)=\prod_{i=1}^{n}f(x_i).$$

二、统计量

数理统计的基本任务是利用样本所提供的信息,对总体进行统计推断. 在实际应用时,往往不是直接利用样本值进行推断,而是针对要推断的问题对样本进行加工. 最常用的加工方法是构造样本的函数,利用样本的函数进行统计推断.

定义 6.4 设 $X_1,X_2,\cdots,X_n$ 为来自总体 X 的一个样本,$g(X_1,X_2,\cdots,X_n)$ 是 $X_1,X_2,\cdots,X_n$ 的函数. 若 g 是连续函数,且 g 中不含其他任何未知参数,则称 $g(X_1,X_2,\cdots,X_n)$ 是一个**统计量**.

若 $x_1,x_2,\cdots,x_n$ 是相应于样本 $X_1,X_2,\cdots,X_n$ 的一个样本值,则称 $g(x_1,x_2,\cdots,x_n)$ 是统计量 $g(X_1,X_2,\cdots,X_n)$ 的一个观察值.

例如,设总体 $X\sim N(\mu,\sigma^2)$,其中 μ,σ^2 是未知参数,$X_1,X_2,\cdots,X_n$ 是来自总体 X 的一个样本,则 $\sum_{i=1}^{n}X_i,\sum_{i=1}^{n}X_i^2,2X_1+X_2$ 是统计量,而 $\sum_{i=1}^{n}(X_i-\mu)^2,\frac{1}{\sigma^2}\sum_{i=1}^{n}X_i^2$ 都不是统计量,因为其中含未知参数 μ,σ^2.

设 $X_1,X_2,\cdots,X_n$ 是来自总体 X 的一个样本,$x_1,x_2,\cdots,x_n$ 是相应的样本值,则可定义以下几个常用统计量.

(1) 样本均值:

$$\overline{X}=\frac{1}{n}\sum_{i=1}^{n}X_i;$$

(2) 样本方差:

$$S^2=\frac{1}{n-1}\sum_{i=1}^{n}(X_i-\overline{X})^2=\frac{1}{n-1}\Big(\sum_{i=1}^{n}X_i^2-n\overline{X}^2\Big),$$

上式中第二个等号成立是因为

$$\sum_{i=1}^{n}(X_i-\overline{X})^2 = \sum_{i=1}^{n}(X_i^2-2X_i\overline{X}+\overline{X}^2)$$
$$= \sum_{i=1}^{n}X_i^2-2\overline{X}\sum_{i=1}^{n}X_i+n\overline{X}^2$$
$$= \sum_{i=1}^{n}X_i^2-n\overline{X}^2;$$

(3) 样本标准差：

$$S=\sqrt{\frac{1}{n-1}\sum_{i=1}^{n}(X_i-\overline{X})^2};$$

(4) 样本 k 阶原点矩：

$$A_k=\frac{1}{n}\sum_{i=1}^{n}X_i^k \quad (k=1,2,\cdots);$$

(5) 样本 k 阶中心矩：

$$B_k=\frac{1}{n}\sum_{i=1}^{n}(X_i-\overline{X})^k \quad (k=1,2,\cdots).$$

它们的观察值分别为

$$\overline{x}=\frac{1}{n}\sum_{i=1}^{n}x_i,$$
$$s^2=\frac{1}{n-1}\sum_{i=1}^{n}(x_i-\overline{x})^2=\frac{1}{n-1}\Big(\sum_{i=1}^{n}x_i^2-n\overline{x}^2\Big),$$
$$s=\sqrt{\frac{1}{n-1}\sum_{i=1}^{n}(x_i-\overline{x})^2},$$
$$a_k=\frac{1}{n}\sum_{i=1}^{n}x_i^k \quad (k=1,2,\cdots),$$
$$b_k=\frac{1}{n}\sum_{i=1}^{n}(x_i-\overline{x})^k \quad (k=1,2,\cdots).$$

方便起见，仍将这些观察值分别称为样本均值、样本方差、样本标准差、样本 k 阶原点矩、样本 k 阶中心矩.

三大分布及抽样分布

§6.2　抽样分布

在使用统计量对总体进行统计推断时，常常需要知道统计量的分布. 统计量的分布称为**抽样分布**. 本节介绍几个常用抽样分布，它们是后续参数估计和假设检验等数理统计内容的理论基础.

一、χ^2 分布

定义 6.5 设 $X_1, X_2, \cdots, X_n$ 是来自总体 $X \sim N(0,1)$ 的一个样本,则称统计量
$$\chi^2 = X_1^2 + X_2^2 + \cdots + X_n^2 \tag{6-1}$$
服从自由度为 n 的 χ^2 分布,记作 $\chi^2 \sim \chi^2(n)$.

此处,自由度 n 是指式(6-1)右端包含的独立随机变量的个数.

$\chi^2(n)$ 分布的概率密度为
$$f(x) = \begin{cases} \dfrac{1}{2^{\frac{n}{2}} \Gamma\left(\dfrac{n}{2}\right)} x^{\frac{n}{2}-1} e^{-\frac{x}{2}}, & x > 0, \\ 0, & x \leqslant 0, \end{cases}$$
其中 $\Gamma(s) = \int_0^{+\infty} x^{s-1} e^{-x} dx \, (s > 0)$. $f(x)$ 的图形如图 6-1 所示.

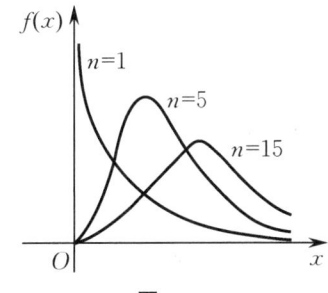

图 6-1

由图 6-1 可以看出,对于不同的自由度 n,有不同的 χ^2 分布.当自由度 n 充分大时,χ^2 分布就接近于正态分布.

χ^2 分布具有如下性质.

性质 1 若 $\chi_1^2 \sim \chi^2(n_1), \chi_2^2 \sim \chi^2(n_2)$,且 χ_1^2 与 χ_2^2 相互独立,则
$$\chi_1^2 + \chi_2^2 \sim \chi^2(n_1 + n_2).$$

性质 2 若 $\chi^2 \sim \chi^2(n)$,则
$$E(\chi^2) = n, \quad D(\chi^2) = 2n.$$

证明 由 $X_i \sim N(0,1)(i = 1, 2, \cdots, n)$,得 $E(X_i) = 0, D(X_i) = 1, E(X_i^2) = 1$,于是
$$D(X_i^2) = E(X_i^4) - [E(X_i^2)]^2 = \frac{1}{\sqrt{2\pi}} \int_{-\infty}^{+\infty} x^4 e^{-\frac{x^2}{2}} dx - 1 = 3 - 1 = 2.$$

所以
$$E(\chi^2) = E\left(\sum_{i=1}^n X_i^2\right) = \sum_{i=1}^n E(X_i^2) = n,$$
$$D(\chi^2) = D\left(\sum_{i=1}^n X_i^2\right) = \sum_{i=1}^n D(X_i^2) = 2n.$$

定义 6.6 设 $\chi^2 \sim \chi^2(n)$,对于给定的正数 $\alpha(0 < \alpha < 1)$,称满足条件
$$P\{\chi^2 > \chi_\alpha^2(n)\} = \int_{\chi_\alpha^2(n)}^{+\infty} f(x) dx = \alpha$$

的点 $\chi_\alpha^2(n)$ 为 $\chi^2(n)$ **分布的上 α 分位点**(见图 6-2).

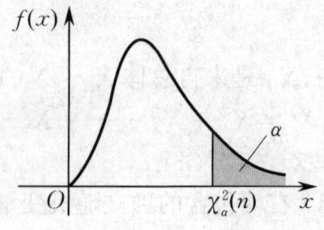

图 6-2

$\chi^2(n)$ 分布的上 α 分位点 $\chi_\alpha^2(n)$ 的值可以通过 χ^2 分布表(附表 4)查到. 例如,当 $n=10$, $\alpha=0.05$ 时,查附表 4 可得 $\chi_{0.05}^2(10)=18.307$.

二、t 分布

定义 6.7 设随机变量 $X \sim N(0,1)$, $Y \sim \chi^2(n)$, 且 X 与 Y 相互独立, 则称随机变量

$$T=\frac{X}{\sqrt{\dfrac{Y}{n}}} \tag{6-2}$$

服从自由度为 n 的 t **分布**(或**学生氏分布**),记作 $T \sim t(n)$.

$t(n)$ 分布的概率密度为

戈塞特与 t 分布

$$f(x)=\frac{\Gamma\left(\dfrac{n+1}{2}\right)}{\sqrt{n\pi}\,\Gamma\left(\dfrac{n}{2}\right)}\left(1+\frac{x^2}{n}\right)^{-\frac{n+1}{2}} \quad (-\infty < x < +\infty).$$

$f(x)$ 的图形如图 6-3 所示.

由图 6-3 易见,t 分布的概率密度 $f(x)$ 是变量 x 的偶函数,其图形关于 y 轴对称. 当自由度 n 充分大时,t 分布就接近于正态分布.

定义 6.8 设 $T \sim t(n)$,对于给定的正数 $\alpha(0<\alpha<1)$,称满足条件

$$P\{T>t_\alpha(n)\}=\int_{t_\alpha(n)}^{+\infty}f(x)\mathrm{d}x=\alpha$$

的点 $t_\alpha(n)$ 为 $t(n)$ **分布的上 α 分位点**(见图 6-4).

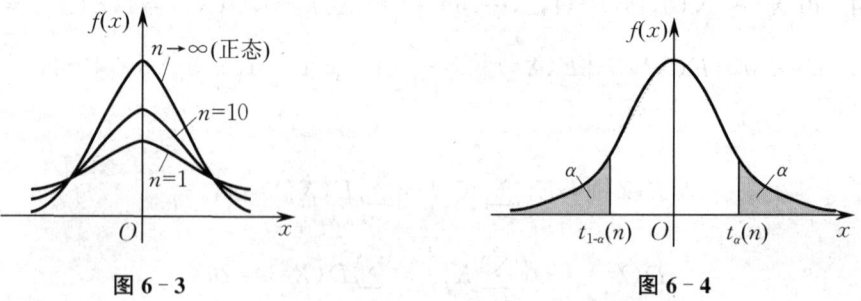

图 6-3　　　　　　　　图 6-4

由 $t(n)$ 分布的上 α 分位点的定义及 $f(x)$ 图形的对称性知

$$t_{1-\alpha}(n)=-t_\alpha(n).$$

$t(n)$ 分布的上 α 分位点 $t_\alpha(n)$ 的值可以通过 t 分布表(附表 3)查到. 例如,当 $n=10$,

$\alpha=0.05$ 时,查附表 3 可得 $t_{0.05}(10)=1.8125$.

三、F 分布

定义 6.9 设随机变量 $X \sim \chi^2(n_1), Y \sim \chi^2(n_2)$,且 X 与 Y 相互独立,则称随机变量

$$F = \frac{X/n_1}{Y/n_2} \qquad (6-3)$$

服从自由度为 (n_1, n_2) 的 F **分布**,记作 $F \sim F(n_1, n_2)$,其中 n_1 称为第一自由度,n_2 称为第二自由度.

注 由定义 6.9 可知,若 $F \sim F(n_1, n_2)$,则 $\dfrac{1}{F} \sim F(n_2, n_1)$.

$F(n_1, n_2)$ 分布的概率密度为

$$f(x) = \begin{cases} \dfrac{\Gamma\left(\dfrac{n_1+n_2}{2}\right)\left(\dfrac{n_1}{n_2}\right)^{\frac{n_1}{2}} x^{\frac{n_1}{2}-1}}{\Gamma\left(\dfrac{n_1}{2}\right)\Gamma\left(\dfrac{n_2}{2}\right)\left(1+\dfrac{n_1}{n_2}x\right)^{\frac{n_1+n_2}{2}}}, & x>0, \\ 0, & x \leqslant 0. \end{cases}$$

$f(x)$ 的图形如图 6-5 所示.

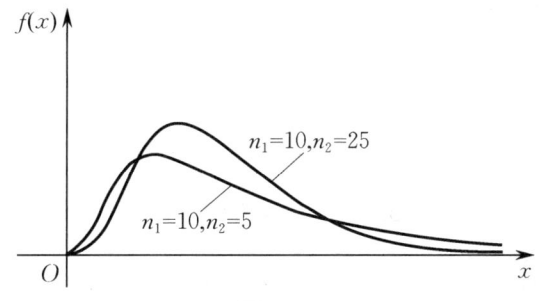

图 6-5

定义 6.10 设 $F \sim F(n_1, n_2)$,对于给定的正数 $\alpha(0<\alpha<1)$,称满足条件

$$P\{F > F_\alpha(n_1, n_2)\} = \int_{F_\alpha(n_1, n_2)}^{+\infty} f(x) \mathrm{d}x = \alpha$$

的点 $F_\alpha(n_1, n_2)$ 为 $F(n_1, n_2)$ **分布的上 α 分位点**(见图 6-6).

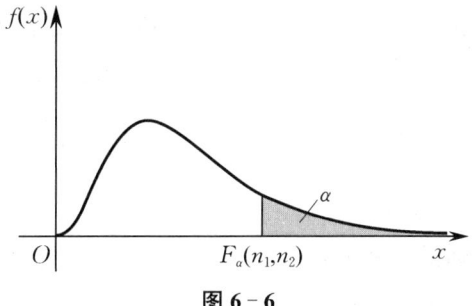

图 6-6

$F(n_1,n_2)$ 分布的上 α 分位点 $F_\alpha(n_1,n_2)$ 的值可以通过 F 分布表(附表5)查到. 例如, 当 $n_1=12, n_2=10, \alpha=0.05$ 时,查附表 5 可得 $F_{0.05}(12,10)=2.91$.

F 分布的上 α 分位点有如下性质：

$$F_{1-\alpha}(n_1,n_2) = \frac{1}{F_\alpha(n_2,n_1)}. \tag{6-4}$$

式(6-4)常用来求附表 5 中查不到的一些分位点. 例如,

$$F_{0.95}(12,9) = \frac{1}{F_{0.05}(9,12)} = \frac{1}{2.80} = 0.357.$$

四、正态总体的样本均值与样本方差的分布

对于正态总体,有关样本均值、样本方差等统计量的分布都具有完备的结论,它们为后面正态总体的参数估计和假设检验的内容奠定了坚实的基础.

先给出单个正态总体的抽样分布定理.

定理 6.1 设 $X_1, X_2, \cdots, X_n$ 是来自正态总体 $X \sim N(\mu, \sigma^2)$ 的一个样本, $\overline{X}, S^2$ 分别是样本均值和样本方差,则

(1) $\overline{X} \sim N\left(\mu, \dfrac{\sigma^2}{n}\right)$, 即 $\dfrac{\overline{X}-\mu}{\sigma/\sqrt{n}} \sim N(0,1)$；

(2) $\overline{X}$ 与 S^2 相互独立,且 $\dfrac{(n-1)S^2}{\sigma^2} \sim \chi^2(n-1)$；

(3) $\dfrac{\overline{X}-\mu}{S/\sqrt{n}} \sim t(n-1)$.

证明 (1) 因为 $X_i \sim N(\mu,\sigma^2)(i=1,2,\cdots,n)$,且相互独立的正态随机变量的线性组合仍服从正态分布,所以 $\overline{X}$ 仍服从正态分布. 又 $E(\overline{X})=\mu, D(\overline{X})=\dfrac{\sigma^2}{n}$, 故 $\overline{X} \sim N\left(\mu, \dfrac{\sigma^2}{n}\right)$. $\overline{X}$ 的标准化随机变量为 $\dfrac{\overline{X}-\mu}{\sigma/\sqrt{n}}$, 即 $\dfrac{\overline{X}-\mu}{\sigma/\sqrt{n}} \sim N(0,1)$.

(2) 证明略.

(3) 由结论(1)和结论(2)有

$$\frac{\overline{X}-\mu}{\sigma/\sqrt{n}} \sim N(0,1), \quad \frac{(n-1)S^2}{\sigma^2} \sim \chi^2(n-1),$$

且 $\overline{X}$ 与 S^2 相互独立,所以 $\dfrac{\overline{X}-\mu}{\sigma/\sqrt{n}}$ 与 $\dfrac{(n-1)S^2}{\sigma^2}$ 相互独立,于是由 t 分布的定义得

$$\frac{\dfrac{\overline{X}-\mu}{\sigma/\sqrt{n}}}{\sqrt{\dfrac{(n-1)S^2}{\sigma^2(n-1)}}} = \frac{\overline{X}-\mu}{S/\sqrt{n}} \sim t(n-1).$$

下面给出两个正态总体的抽样分布定理.

定理 6.2 设总体 X 与 Y 相互独立,且 $X \sim N(\mu_1, \sigma_1^2), Y \sim N(\mu_2, \sigma_2^2)$, X_1,

$X_2, \cdots, X_{n_1}$ 是来自总体 X 的一个样本，$\overline{X}$ 与 S_1^2 分别是该样本的样本均值和样本方差，$Y_1, Y_2, \cdots, Y_{n_2}$ 是来自总体 Y 的一个样本，$\overline{Y}$ 与 S_2^2 分别是该样本的样本均值和样本方差，则

(1) $\dfrac{S_1^2/\sigma_1^2}{S_2^2/\sigma_2^2} \sim F(n_1-1, n_2-1)$;

(2) $\dfrac{(\overline{X}-\overline{Y})-(\mu_1-\mu_2)}{\sqrt{\dfrac{\sigma_1^2}{n_1}+\dfrac{\sigma_2^2}{n_2}}} \sim N(0,1)$;

(3) 当 $\sigma_1^2 = \sigma_2^2 = \sigma^2$ 时，有

$$\frac{(\overline{X}-\overline{Y})-(\mu_1-\mu_2)}{S_W\sqrt{\dfrac{1}{n_1}+\dfrac{1}{n_2}}} \sim t(n_1+n_2-2),$$

其中 $S_W = \sqrt{\dfrac{(n_1-1)S_1^2+(n_2-1)S_2^2}{n_1+n_2-2}}$.

证明 (1) 由定理 6.1 的结论(2) 有

$$\frac{(n_1-1)S_1^2}{\sigma_1^2} \sim \chi^2(n_1-1), \quad \frac{(n_2-1)S_2^2}{\sigma_2^2} \sim \chi^2(n_2-1).$$

由于 X 与 Y 相互独立，因此 S_1^2 与 S_2^2 相互独立，从而 $\dfrac{(n_1-1)S_1^2}{\sigma_1^2}$ 与 $\dfrac{(n_2-1)S_2^2}{\sigma_2^2}$ 相互独立，于是由 F 分布的定义知

$$\frac{\dfrac{(n_1-1)S_1^2}{\sigma_1^2}\Big/(n_1-1)}{\dfrac{(n_2-1)S_2^2}{\sigma_2^2}\Big/(n_2-1)} = \frac{S_1^2/\sigma_1^2}{S_2^2/\sigma_2^2} \sim F(n_1-1, n_2-1).$$

(2) 由定理 6.1 的结论(1) 有

$$\overline{X} \sim N\left(\mu_1, \frac{\sigma_1^2}{n_1}\right), \quad \overline{Y} \sim N\left(\mu_2, \frac{\sigma_2^2}{n_2}\right).$$

因为 $\overline{X}$ 与 $\overline{Y}$ 相互独立，所以

$$\overline{X}-\overline{Y} \sim N\left(\mu_1-\mu_2, \frac{\sigma_1^2}{n_1}+\frac{\sigma_2^2}{n_2}\right),$$

将其标准化得

$$\frac{(\overline{X}-\overline{Y})-(\mu_1-\mu_2)}{\sqrt{\dfrac{\sigma_1^2}{n_1}+\dfrac{\sigma_2^2}{n_2}}} \sim N(0,1).$$

(3) 由定理 6.1 的结论(2) 有

$$\frac{(n_1-1)S_1^2}{\sigma^2} \sim \chi^2(n_1-1), \quad \frac{(n_2-1)S_2^2}{\sigma^2} \sim \chi^2(n_2-1),$$

且它们相互独立，故根据 χ^2 分布的可加性得

$$\frac{(n_1-1)S_1^2+(n_2-1)S_2^2}{\sigma^2}\sim \chi^2(n_1+n_2-2).$$

结合结论(2),由 t 分布的定义得

$$\frac{(\overline{X}-\overline{Y})-(\mu_1-\mu_2)}{\sqrt{\frac{\sigma^2}{n_1}+\frac{\sigma^2}{n_2}}}\bigg/\sqrt{\frac{(n_1-1)S_1^2+(n_2-1)S_2^2}{\sigma^2}\bigg/(n_1+n_2-2)}\sim t(n_1+n_2-2),$$

整理后即得结论(3).

习题六

1. 设总体 $X\sim N(60,15^2)$,从总体 X 中抽取一个样本容量为 100 的样本,求样本均值与总体均值之差的绝对值大于 3 的概率.

2. 设总体 $X\sim N(40,5^2)$,从中抽取一个样本容量为 n 的样本,样本均值为 $\overline{X}$.
   (1) 若 $n=36$,求样本均值 $\overline{X}$ 在 38 至 43 之间的概率;
   (2) 样本容量 n 至少应取多大,才能使 $P\{|\overline{X}-40|<1\}\geqslant 0.95$?

3. 设 $X_1,X_2,\cdots,X_n$ 是来自总体 X 的一个样本, $\overline{X}$ 和 S^2 分别为样本均值和样本方差,在下列条件下分别求 $E(\overline{X}),D(\overline{X}),E(S^2)$:
   (1) $X\sim N(\mu,\sigma^2)$;
   (2) $X\sim P(\lambda)$;
   (3) $X\sim B(1,p)$;
   (4) $X\sim E(\lambda)$.

4. 设总体 $X\sim N(0,2^2),X_1,X_2,\cdots,X_{15}$ 是来自总体 X 的一个样本,求统计量

$$Y=\frac{X_1^2+X_2^2+\cdots+X_{10}^2}{2(X_{11}^2+X_{12}^2+X_{13}^2+X_{14}^2+X_{15}^2)}$$

所服从的分布.

5. 查附表计算 $\chi_{0.025}^2(10),t_{0.025}(12),t_{0.975}(12),F_{0.01}(8,5),F_{0.99}(7,6)$.

6. 设总体 $X\sim N(\mu,4^2),X_1,X_2,\cdots,X_{10}$ 是来自总体 X 的一个样本, S^2 是样本方差.已知 $P\{S^2>a\}=0.1$,问:常数 a 约等于多少?

7. 已知随机变量 $X\sim t(n)$,试证: $X^2\sim F(1,n)$.

第七章

参 数 估 计

在实际问题中,经常遇到这样的情况,总体 X 的分布函数的形式已知,但总体分布所包含的一个或多个参数却未知,此时写不出确切的分布函数,因此需要我们根据样本来估计这些未知参数,这就是参数估计问题.

本章将介绍参数估计的基本概念与基本方法,包括点估计与区间估计.点估计就是用样本统计量的观察值作为总体未知参数的估计值;区间估计就是对未知参数给出一个范围,并且在一定可靠度下使这个范围包含未知参数.在点估计中,我们将着重介绍矩估计法和极大似然估计法.在区间估计中,我们将重点讨论单个正态总体均值与方差的置信区间和两个正态总体的均值差与方差比的置信区间.

学习目标与
知识结构

§7.1 点 估 计

设总体 X 的分布函数 $F(x;\theta)$ 的形式已知,θ 为待估计的未知参数,$X_1,X_2,\cdots,X_n$ 是来自总体 X 的一个样本,$x_1,x_2,\cdots,x_n$ 是相应的样本值.点估计问题就是通过构造一个适当的统计量 $\hat{\theta}(X_1,X_2,\cdots,X_n)$,利用其观察值 $\hat{\theta}(x_1,x_2,\cdots,x_n)$ 来估计未知参数 θ.我们称 $\hat{\theta}(X_1,X_2,\cdots,X_n)$ 为 θ 的**估计量**,$\hat{\theta}(x_1,x_2,\cdots,x_n)$ 为 θ 的**估计值**.在不致混淆的情况下,估计量和估计值统称为**点估计**,并简记为 $\hat{\theta}$.

下面介绍两种常用的点估计方法:矩估计法和极大似然估计法.

一、矩估计法

矩估计法由英国统计学家皮尔逊于 1894 年提出,其基本思想是用样本矩去估计相应的总体矩.矩估计法的理论依据是大数定律.因为大数定律告诉我们,当样本容量 n 充分大时,用样本矩作为总体矩的估计可以达到任意精确的程度.

矩估计法的一般做法如下:设总体 X 的分布函数为 $F(x;\theta_1,\theta_2,\cdots,\theta_m)$,其中 $\theta_1,\theta_2,\cdots,\theta_m$ 未知,则可以按照"样本矩等于相应的总体矩"的原

矩估计法

则建立方程组,即令

$$\begin{cases} E(X) = \dfrac{1}{n}\sum_{i=1}^{n} X_i, \\ E(X^2) = \dfrac{1}{n}\sum_{i=1}^{n} X_i^2, \\ \cdots\cdots \\ E(X^m) = \dfrac{1}{n}\sum_{i=1}^{n} X_i^m. \end{cases}$$

上述方程组的左端(总体矩)实际上均为包含 m 个未知参数 $\theta_1,\theta_2,\cdots,\theta_m$ 的函数,这是一个包含 m 个未知数和 m 个方程的方程组.一般来说,我们可以从中解得 $\theta_1,\theta_2,\cdots,\theta_m$,即得未知参数 $\theta_1,\theta_2,\cdots,\theta_m$ 的矩估计量,矩估计量的观察值即为矩估计值.

例 1 设 $X_1,X_2,\cdots,X_n$ 是来自总体 X 的一个样本,X 的概率密度为

$$f(x;\theta) = \begin{cases} \theta x^{\theta-1}, & 0 < x < 1, \\ 0, & \text{其他}, \end{cases}$$

其中 $\theta > 0$ 未知,求参数 θ 的矩估计量.

解 先求总体 X 的一阶原点矩:

$$E(X) = \int_{-\infty}^{+\infty} x f(x;\theta) \mathrm{d}x = \int_0^1 \theta x^\theta \mathrm{d}x = \frac{\theta}{\theta+1},$$

然后令样本一阶原点矩等于总体一阶原点矩:

$$E(X) = \overline{X},$$

即

$$\frac{\theta}{\theta+1} = \overline{X},$$

从而解得 θ 的矩估计量为 $\hat{\theta} = \dfrac{\overline{X}}{1-\overline{X}}$.

例 2 设总体 X 的均值 μ、方差 σ^2 都存在,且 $\sigma^2 > 0$,但 μ,σ^2 均未知,$X_1,X_2,\cdots,X_n$ 是来自总体 X 的一个样本,求 μ,σ^2 的矩估计量.

解 先求总体的一阶原点矩 $E(X)$ 和二阶原点矩 $E(X^2)$,得

$$E(X) = \mu, \quad E(X^2) = D(X) + [E(X)]^2 = \sigma^2 + \mu^2,$$

再根据矩估计法,令

$$\begin{cases} E(X) = \dfrac{1}{n}\sum_{i=1}^{n} X_i, \\ E(X^2) = \dfrac{1}{n}\sum_{i=1}^{n} X_i^2, \end{cases}$$

即

$$\begin{cases} \mu = \overline{X}, \\ \sigma^2 + \mu^2 = \dfrac{1}{n}\sum_{i=1}^{n} X_i^2, \end{cases}$$

从而解得 μ, σ^2 的矩估计量分别为

$$\hat{\mu} = \overline{X}, \quad \hat{\sigma}^2 = \frac{1}{n}\sum_{i=1}^{n} X_i^2 - \overline{X}^2 = \frac{1}{n}\sum_{i=1}^{n}(X_i - \overline{X})^2.$$

二、极大似然估计法

极大似然估计法由德国数学家高斯于 1821 年提出,它是数理统计中最重要、应用最广泛的方法之一. 极大似然估计法的基本思想是利用已经得到的抽样结果,寻找使这个结果出现的可能性最大的那个 θ 值作为未知参数 θ 的估计 $\hat{\theta}$.

极大似然估计法的原理是:设随机试验 E 有 n 个可能的结果 $A_1, A_2, \cdots, A_n$,若在一次试验中,事件 $A_k (1 \leqslant k \leqslant n)$ 发生了,则人们自然认为事件 A_k 在这 n 个可能的结果中出现的概率最大.

以下分离散型总体和连续型总体两种情形分别介绍极大似然估计法.

1. 离散型总体情形

设总体 X 是离散型随机变量,其分布律为 $P\{X=x\} = p(x;\theta)$,其中 θ 为未知参数, $x_1, x_2, \cdots, x_n$ 是相应于样本 $X_1, X_2, \cdots, X_n$ 的样本值. 易知随机变量 $X_1, X_2, \cdots, X_n$ 取到样本值 $x_1, x_2, \cdots, x_n$ 的概率,即事件 $\{X_1 = x_1, X_2 = x_2, \cdots, X_n = x_n\}$ 发生的概率为

$$P\{X_1 = x_1, X_2 = x_2, \cdots, X_n = x_n\} = P\{X_1 = x_1\} P\{X_2 = x_2\} \cdots P\{X_n = x_n\}$$
$$= p(x_1;\theta) p(x_2;\theta) \cdots p(x_n;\theta) = \prod_{i=1}^{n} p(x_i;\theta).$$

由于该概率随 θ 的取值而变化,因此它是 θ 的函数,记作 $L(\theta)$,即

$$L(\theta) = \prod_{i=1}^{n} p(x_i;\theta), \tag{7-1}$$

称 $L(\theta)$ 为 θ 的似然函数.

2. 连续型总体情形

设总体 X 是连续型随机变量,其概率密度为 $f(x;\theta)$,其中 θ 为未知参数, $x_1, x_2, \cdots, x_n$ 是相应于样本 $X_1, X_2, \cdots, X_n$ 的样本值. 易知 n 维随机变量 $(X_1, X_2, \cdots, X_n)$ 落在点 $(x_1, x_2, \cdots, x_n)$ 的邻域(边长分别为 $\mathrm{d}x_1, \mathrm{d}x_2, \cdots, \mathrm{d}x_n$ 的 n 维立方体)内的概率近似为

$$\prod_{i=1}^{n} f(x_i;\theta) \mathrm{d}x_i.$$

由于 $\prod_{i=1}^{n} \mathrm{d}x_i$ 不随 θ 而变,因此只须考虑 $\prod_{i=1}^{n} f(x_i;\theta)$,它是 θ 的函数,记作 $L(\theta)$,即

$$L(\theta) = \prod_{i=1}^{n} f(x_i;\theta), \tag{7-2}$$

称 $L(\theta)$ 为 θ 的**似然函数**.

根据极大似然估计法的原理,固定样本值 $x_1, x_2, \cdots, x_n$,在 θ 的可能取值范围内挑选使似然函数 $L(\theta) = L(x_1, x_2, \cdots, x_n; \theta)$ 达到最大的参数 $\theta = \hat{\theta}$,用 $\hat{\theta}$ 作为未知参数 θ 的估计值,即求出 $\hat{\theta}$,使得

$$L(\hat{\theta}) = L(x_1, x_2, \cdots, x_n; \hat{\theta}) = \max_{\theta} L(x_1, x_2, \cdots, x_n; \theta). \qquad (7-3)$$

这样得到的 $\hat{\theta}$ 与样本值 $x_1, x_2, \cdots, x_n$ 有关,常记为 $\hat{\theta}(x_1, x_2, \cdots, x_n)$,称为参数 θ 的**极大似然估计值**,相应的统计量 $\hat{\theta}(X_1, X_2, \cdots, X_n)$ 称为参数 θ 的**极大似然估计量**. 这种求未知参数的估计方法称为**极大似然估计法**.

综上,确定极大似然估计量的问题就归结为微分学中求最大值的问题了.

在很多情形下,$p(x;\theta)$ 和 $f(x;\theta)$ 关于 θ 可微,这时 $\hat{\theta}$ 常可以从方程 $\dfrac{dL(\theta)}{d\theta} = 0$ 中解得. 由于 $\ln L(\theta)$ 是 θ 的单调递增函数,$\ln L(\theta)$ 与 $L(\theta)$ 有相同的极大值点,因此 θ 的极大似然估计 $\hat{\theta}$ 也可以从方程 $\dfrac{d\ln L(\theta)}{d\theta} = 0$ 中求得. 称 $\ln L(\theta)$ 为**对数似然函数**,方程 $\dfrac{d\ln L(\theta)}{d\theta} = 0$ 为**对数似然方程**. 对数似然方程的求解往往更加方便.

求极大似然估计的一般步骤如下:
(1) 写出似然函数 $L(\theta)$;
(2) 取自然对数,得到对数似然函数 $\ln L(\theta)$;
(3) 求导并令导数等于零,得到对数似然方程 $\dfrac{d\ln L(\theta)}{d\theta} = 0$;
(4) 求解对数似然方程,得到参数 θ 的极大似然估计量和极大似然估计值.

例3 设总体 $X \sim E(\lambda)(\lambda > 0)$,其概率密度为

$$f(x;\lambda) = \begin{cases} \lambda e^{-\lambda x}, & x > 0, \\ 0, & x \leqslant 0, \end{cases}$$

求未知参数 λ 的极大似然估计值.

解 设 $x_1, x_2, \cdots, x_n$ 是相应于样本 $X_1, X_2, \cdots, X_n$ 的样本值,则似然函数为

$$L(\lambda) = L(x_1, x_2, \cdots, x_n; \lambda) = \prod_{i=1}^{n} \lambda e^{-\lambda x_i} = \lambda^n e^{-\lambda \sum_{i=1}^{n} x_i} \quad (x_i > 0).$$

取自然对数得

$$\ln L(\lambda) = n \ln \lambda - \lambda \sum_{i=1}^{n} x_i.$$

对 λ 求导并令导数等于零,得

$$\frac{d\ln L(\lambda)}{d\lambda} = \frac{n}{\lambda} - \sum_{i=1}^{n} x_i = 0,$$

解得 λ 的极大似然估计值为

$$\hat{\lambda} = \frac{n}{\sum_{i=1}^{n} x_i} = \frac{1}{\frac{1}{n}\sum_{i=1}^{n} x_i} = \frac{1}{\overline{x}}.$$

例 4 设总体 $X \sim P(\lambda)(\lambda > 0)$，其分布律为

$$P\{X = x\} = \frac{\lambda^x}{x!}\mathrm{e}^{-\lambda}, \quad x = 0, 1, 2, \cdots,$$

试求未知参数 λ 的极大似然估计量.

解 设 $x_1, x_2, \cdots, x_n$ 是相应于样本 $X_1, X_2, \cdots, X_n$ 的样本值，则似然函数为

$$L(\lambda) = L(x_1, x_2, \cdots, x_n; \lambda) = \prod_{i=1}^{n} \frac{\lambda^{x_i}}{x_i!}\mathrm{e}^{-\lambda} = \mathrm{e}^{-n\lambda} \prod_{i=1}^{n} \frac{\lambda^{x_i}}{x_i!}.$$

取自然对数得

$$\ln L(\lambda) = -n\lambda + \sum_{i=1}^{n} x_i \ln \lambda - \ln(x_1! x_2! \cdots x_n!).$$

对 λ 求导并令导数等于零，得

$$\frac{\mathrm{d}\ln L(\lambda)}{\mathrm{d}\lambda} = -n + \frac{1}{\lambda}\sum_{i=1}^{n} x_i = 0,$$

解得 λ 的极大似然估计值为

$$\hat{\lambda} = \frac{1}{n}\sum_{i=1}^{n} x_i = \overline{x}.$$

故 λ 的极大似然估计量为

$$\hat{\lambda} = \frac{1}{n}\sum_{i=1}^{n} X_i = \overline{X}.$$

例 5 设总体 $X \sim N(\mu, \sigma^2)$，其中 μ, σ^2 为未知参数，$x_1, x_2, \cdots, x_n$ 是来自总体 X 的一个样本值，试求 μ, σ^2 的极大似然估计值.

解 X 的概率密度为

$$f(x; \mu, \sigma^2) = \frac{1}{\sqrt{2\pi}\sigma}\mathrm{e}^{-\frac{(x-\mu)^2}{2\sigma^2}},$$

故似然函数为

$$L(\mu, \sigma^2) = \prod_{i=1}^{n} \frac{1}{\sqrt{2\pi}\sigma}\mathrm{e}^{-\frac{(x_i-\mu)^2}{2\sigma^2}} = \frac{1}{(2\pi)^{\frac{n}{2}}\sigma^n}\mathrm{e}^{-\frac{\sum_{i=1}^{n}(x_i-\mu)^2}{2\sigma^2}}.$$

取自然对数得

$$\ln L(\mu, \sigma^2) = -\frac{n}{2}\ln 2\pi - \frac{n}{2}\ln \sigma^2 - \frac{1}{2\sigma^2}\sum_{i=1}^{n}(x_i - \mu)^2.$$

令

$$\begin{cases}\dfrac{\partial \ln L(\mu,\sigma^2)}{\partial \mu}=0,\\ \dfrac{\partial \ln L(\mu,\sigma^2)}{\partial \sigma^2}=0,\end{cases} \text{即} \begin{cases}\dfrac{1}{\sigma^2}\left(\sum_{i=1}^{n}x_i-n\mu\right)=0,\\ -\dfrac{n}{2\sigma^2}+\dfrac{1}{2\sigma^4}\sum_{i=1}^{n}(x_i-\mu)^2=0,\end{cases}$$

解得 μ 和 σ^2 的极大似然估计值分别为

$$\hat{\mu}=\frac{1}{n}\sum_{i=1}^{n}x_i=\overline{x},\quad \hat{\sigma}^2=\frac{1}{n}\sum_{i=1}^{n}(x_i-\overline{x})^2.$$

例 6 设总体 $X\sim B(1,p)$,$X_1,X_2,\cdots,X_n$ 是来自总体 X 的一个样本,试求未知参数 p 的极大似然估计值.

解 设 $x_1,x_2,\cdots,x_n$ 是相应于样本 $X_1,X_2,\cdots,X_n$ 的样本值,依题意得总体 X 的分布律为

$$P\{X=x\}=p^x(1-p)^{1-x},\quad x=0,1,$$

故似然函数为

$$L(p)=\prod_{i=1}^{n}p^{x_i}(1-p)^{1-x_i}=p^{\sum_{i=1}^{n}x_i}(1-p)^{n-\sum_{i=1}^{n}x_i}.$$

取自然对数得

$$\ln L(p)=\left(\sum_{i=1}^{n}x_i\right)\ln p+\left(n-\sum_{i=1}^{n}x_i\right)\ln(1-p).$$

令

$$\frac{\mathrm{d}\ln L(p)}{\mathrm{d}p}=\frac{\sum_{i=1}^{n}x_i}{p}-\frac{n-\sum_{i=1}^{n}x_i}{1-p}=0,$$

解得 p 的极大似然估计值为

$$\hat{p}=\frac{1}{n}\sum_{i=1}^{n}x_i=\overline{x}.$$

例 7 设总体 X 的分布律如表 7-1 所示. 现观察样本容量为 3 的一个样本,得样本值为 $x_1=1,x_2=2,x_3=1$,求未知参数 $\theta(0<\theta<1)$ 的极大似然估计值.

表 7-1

X	1	2	3
P	θ^2	$2\theta(1-\theta)$	$(1-\theta)^2$

解 似然函数为

$$\begin{aligned}L(\theta)&=P\{X_1=x_1,X_2=x_2,X_3=x_3\}\\&=P\{X_1=1\}P\{X_2=2\}P\{X_3=1\}\\&=2\theta^5(1-\theta),\end{aligned}$$

取自然对数得

$$\ln L(\theta)=\ln 2+5\ln\theta+\ln(1-\theta).$$

令
$$\frac{\mathrm{d}\ln L(\theta)}{\mathrm{d}\theta} = \frac{5}{\theta} - \frac{1}{1-\theta} = 0,$$
解得 θ 的极大似然估计值为
$$\hat{\theta} = \frac{5}{6}.$$

例 8 设总体 $X \sim U[a,b]$,其中 a,b 为未知参数,$x_1, x_2, \cdots, x_n$ 是来自总体 X 的一个样本值,试求 a,b 的极大似然估计值.

解 设 $x_{(1)} = \min\{x_1, x_2, \cdots, x_n\}$, $x_{(n)} = \max\{x_1, x_2, \cdots, x_n\}$. 依题意得 X 的概率密度为
$$f(x;a,b) = \begin{cases} \dfrac{1}{b-a}, & a \leqslant x \leqslant b, \\ 0, & 其他. \end{cases}$$

因为 $a \leqslant x_1, x_2, \cdots, x_n \leqslant b$ 等价于 $a \leqslant x_{(1)}, x_{(n)} \leqslant b$,所以似然函数为
$$L(a,b) = \begin{cases} \dfrac{1}{(b-a)^n}, & a \leqslant x_{(1)}, x_{(n)} \leqslant b, \\ 0, & 其他. \end{cases}$$

由于方程组 $\begin{cases} \dfrac{\partial L(a,b)}{\partial a} = \dfrac{n}{(b-a)^{n+1}} = 0, \\ \dfrac{\partial L(a,b)}{\partial b} = -\dfrac{n}{(b-a)^{n+1}} = 0 \end{cases}$ 无解,因此不能用前面的方法求 $L(a,b)$ 的最大值点. 事实上,对于满足 $a \leqslant x_{(1)}, x_{(n)} \leqslant b$ 的任意 a,b,有
$$L(a,b) = \frac{1}{(b-a)^n} \leqslant \frac{1}{[x_{(n)} - x_{(1)}]^n},$$
即 $L(a,b)$ 在 $a = x_{(1)}, b = x_{(n)}$ 时,取到最大值 $\dfrac{1}{[x_{(n)} - x_{(1)}]^n}$. 故 a,b 的极大似然估计值分别为
$$\hat{a} = x_{(1)} = \min\{x_1, x_2, \cdots, x_n\}, \quad \hat{b} = x_{(n)} = \max\{x_1, x_2, \cdots, x_n\}.$$

例 9 (旅游消费市场调查) 某大学统计学专业的学生在暑期进行社会实践调查,他们随机选取了 100 个旅游景点,每个旅游景点随机抽取 10 人,然后调查这 10 人在景点内消费 100 元以上的人数,他们调查所得的数据如表 7-2 所示. 求游客在景点内消费 100 元以上的人数的比例 p 的极大似然估计.

表 7-2

抽取的 10 人中消费 100 元以上的人数	0	1	2	3	4	5	6	7	8	9	10
景点个数	0	1	6	7	23	26	21	12	3	1	0

解 设 X 为抽取的 10 人中消费 100 元以上的人数,则 $X \sim B(10,p)$,其分布律为
$$P\{X=x\}=C_{10}^{x}p^{x}(1-p)^{10-x} \quad (x=0,1,2,\cdots,10).$$
设 $x_1, x_2, \cdots, x_{100}$ 是相应于样本 $X_1, X_2, \cdots, X_{100}$ 的样本值,则似然函数为
$$L(p)=P\{X_1=x_1, X_2=x_2, \cdots, X_{100}=x_{100}\}$$
$$=\prod_{i=1}^{100}C_{10}^{x_i}p^{x_i}(1-p)^{10-x_i}=\left(\prod_{i=1}^{100}C_{10}^{x_i}\right)p^{\sum_{i=1}^{100}x_i}(1-p)^{1000-\sum_{i=1}^{100}x_i}.$$

取自然对数得
$$\ln L(p)=\sum_{i=1}^{100}\ln C_{10}^{x_i}+\left(\sum_{i=1}^{100}x_i\right)\ln p+\left(1000-\sum_{i=1}^{100}x_i\right)\ln(1-p).$$

参数估计

令
$$\frac{\mathrm{d}\ln L(p)}{\mathrm{d}p}=\frac{\sum_{i=1}^{100}x_i}{p}-\frac{1000-\sum_{i=1}^{100}x_i}{1-p}=0,$$

解得 p 的极大似然估计值为 $\hat{p}=\dfrac{1}{1000}\sum_{i=1}^{100}x_i$. 又 $\sum_{i=1}^{100}x_i=499$,所以 p 的极大似然估计值为 $\hat{p}=0.499$. 也就是说,景点内消费 100 元以上的游客所占的比例大约为 49.9%.

§7.2 估计量的评价标准

由 §7.1 的讨论可知,对于同一参数,用不同的估计方法求出的估计量可能不同,而且原则上任何统计量都可作为未知参数的估计量. 那么究竟采用哪一个估计量更好呢? 这就涉及用什么样的标准来评价估计量的问题. 下面介绍 3 种常用的评价估计量的标准,以便对各种估计量的优劣做出判断.

一、无偏性

对于不同的样本值,会得到不同的估计值,我们自然希望这些估计值都在未知参数的真值附近. 也就是说,尽管在一次抽取样本的过程中得到的估计值不一定恰好等于未知参数的真值,但在大量重复抽样(样本容量相同)后,所得到的估计值平均起来应与未知参数的真值相同. 用数学语言来说,我们希望估计量的数学期望应等于未知参数的真值,这就是所谓无偏性的实际意义.

定义 7.1 设 $\hat{\theta}$ 是未知参数 θ 的估计量,若
$$E(\hat{\theta})=\theta,$$
则称 $\hat{\theta}$ 是 θ 的**无偏估计量**,否则称 $\hat{\theta}$ 是 θ 的**有偏估计量**.

例 1 设总体 X 的数学期望 μ 与方差 σ^2 均存在,$X_1, X_2, \cdots, X_n$ 是来自总体 X 的一个样本,试证:

(1) 样本均值 $\overline{X}$ 是 μ 的无偏估计量;

(2) 样本方差 S^2 是 σ^2 的无偏估计量;

(3) 样本二阶中心矩 $B_2 = \dfrac{1}{n} \sum\limits_{i=1}^{n} (X_i - \overline{X})^2$ 不是 σ^2 的无偏估计量(是有偏估计量).

证明 (1) 因为

$$E(\overline{X}) = E\left(\frac{1}{n} \sum_{i=1}^{n} X_i\right) = \frac{1}{n} \sum_{i=1}^{n} E(X_i) = \frac{1}{n} \sum_{i=1}^{n} E(X) = E(X) = \mu,$$

所以样本均值 $\overline{X}$ 是总体均值 μ 的无偏估计量.

(2) 因为

$$D(\overline{X}) = D\left(\frac{1}{n} \sum_{i=1}^{n} X_i\right) = \frac{1}{n^2} \sum_{i=1}^{n} D(X_i) = \frac{\sigma^2}{n},$$

$$E(S^2) = E\left[\frac{1}{n-1}\left(\sum_{i=1}^{n} X_i^2 - n\overline{X}^2\right)\right] = \frac{1}{n-1} E\left(\sum_{i=1}^{n} X_i^2 - n\overline{X}^2\right)$$

$$= \frac{1}{n-1} \left[\sum_{i=1}^{n} E(X_i^2) - n E(\overline{X}^2)\right]$$

$$= \frac{1}{n-1} \left\{\sum_{i=1}^{n} \{D(X_i) + [E(X_i)]^2\} - n\{D(\overline{X}) + [E(\overline{X})]^2\}\right\}$$

$$= \frac{1}{n-1} \left[n(\sigma^2 + \mu^2) - n\left(\frac{\sigma^2}{n} + \mu^2\right)\right] = \sigma^2,$$

所以样本方差 S^2 是总体方差 σ^2 的无偏估计量.

(3) 因为

$$E(B_2) = E\left[\frac{1}{n} \sum_{i=1}^{n} (X_i - \overline{X})^2\right] = E\left[\frac{n-1}{n} \cdot \frac{1}{n-1} \sum_{i=1}^{n} (X_i - \overline{X})^2\right]$$

$$= E\left(\frac{n-1}{n} S^2\right) = \frac{n-1}{n} E(S^2) = \frac{n-1}{n} \sigma^2 \neq \sigma^2,$$

所以样本二阶中心矩不是 σ^2 的无偏估计量.

二、有效性

在许多情况下,未知参数的无偏估计量不是唯一的,那么如何比较同一参数的两个无偏估计量哪个更好呢?我们自然希望估计量 $\hat{\theta}$ 与参数真值 θ 的偏差越小越好,即希望估计量 $\hat{\theta}$ 的取值集中在参数真值 θ 附近.我们知道,随机变量取值的集中程度由方差描述,这就引出了估计量的有效性这一概念.

定义 7.2 设 $\hat{\theta}_1$ 和 $\hat{\theta}_2$ 都是参数 θ 的无偏估计量,若

$$D(\hat{\theta}_1) \leqslant D(\hat{\theta}_2),$$

则称 $\hat{\theta}_1$ 比 $\hat{\theta}_2$ **有效**.

例 2 设 X_1, X_2 为来自正态总体 $X \sim N(\mu, \sigma^2)$ 的一个样本,试验证下列 3 个估计量都是总体均值 μ 的无偏估计量,并比较哪一个最有效:

$$\hat{\mu}_1 = \frac{2}{3}X_1 + \frac{1}{3}X_2, \quad \hat{\mu}_2 = \frac{1}{4}X_1 + \frac{3}{4}X_2, \quad \hat{\mu}_3 = \frac{1}{2}X_1 + \frac{1}{2}X_2.$$

证明 由于

$$E(\hat{\mu}_1) = E\left(\frac{2}{3}X_1 + \frac{1}{3}X_2\right) = \frac{2}{3}E(X_1) + \frac{1}{3}E(X_2) = \frac{2}{3}\mu + \frac{1}{3}\mu = \mu,$$

$$E(\hat{\mu}_2) = E\left(\frac{1}{4}X_1 + \frac{3}{4}X_2\right) = \frac{1}{4}E(X_1) + \frac{3}{4}E(X_2) = \frac{1}{4}\mu + \frac{3}{4}\mu = \mu,$$

$$E(\hat{\mu}_3) = E\left(\frac{1}{2}X_1 + \frac{1}{2}X_2\right) = \frac{1}{2}E(X_1) + \frac{1}{2}E(X_2) = \frac{1}{2}\mu + \frac{1}{2}\mu = \mu,$$

因此上述 3 个估计量都是总体均值 μ 的无偏估计量. 又由于

$$D(\hat{\mu}_1) = D\left(\frac{2}{3}X_1 + \frac{1}{3}X_2\right) = \frac{4}{9}D(X_1) + \frac{1}{9}D(X_2) = \frac{4}{9}\sigma^2 + \frac{1}{9}\sigma^2 = \frac{5}{9}\sigma^2,$$

$$D(\hat{\mu}_2) = D\left(\frac{1}{4}X_1 + \frac{3}{4}X_2\right) = \frac{1}{16}D(X_1) + \frac{9}{16}D(X_2) = \frac{1}{16}\sigma^2 + \frac{9}{16}\sigma^2 = \frac{5}{8}\sigma^2,$$

$$D(\hat{\mu}_3) = D\left(\frac{1}{2}X_1 + \frac{1}{2}X_2\right) = \frac{1}{4}D(X_1) + \frac{1}{4}D(X_2) = \frac{1}{4}\sigma^2 + \frac{1}{4}\sigma^2 = \frac{1}{2}\sigma^2,$$

且

$$D(\hat{\mu}_3) < D(\hat{\mu}_1) < D(\hat{\mu}_2),$$

因此 $\hat{\mu}_3$ 最有效.

三、一致性

前面讲的无偏性和有效性都是在样本容量固定的前提下提出的. 然而,由于估计量 $\hat{\theta}$ 依赖于样本容量 n,我们自然希望当样本容量 n 充分大时,估计值能以很大概率充分接近未知参数的真值,这就是估计量的一致性.

定义 7.3 设 $\hat{\theta}$ 是未知参数 θ 的估计量,n 是样本容量,若对于任意实数 $\varepsilon > 0$,有

$$\lim_{n \to \infty} P\{|\hat{\theta} - \theta| < \varepsilon\} = 1,$$

则称 $\hat{\theta}$ 为 θ 的**一致估计量**.

我们希望一个参数的估计量具有一致性,但是估计量的一致性只有在样本容量相当大时,才显示出优越性,这在实际中往往难以实现. 因此,在工程实际中,通常使用无偏性和有效性这两个标准来评价估计量的优劣.

§7.3 区间估计

区间估计

点估计是用一个点(一个数)去估计未知参数,虽然这很直观,也很方便,但是点估计只给出了未知参数的一个近似值,并没有给出这个近似值的精确程度(或者说参数真值所在的范围).因此,我们希望估计出未知参数的一个范围,并希望知道这个范围包含参数真值的可信程度,这样的范围通常以区间形式给出,称这样的参数估计为区间估计.

定义 7.4 设 θ 是总体 X 的未知参数,$X_1, X_2, \cdots, X_n$ 是来自总体 X 的一个样本,如果对于给定的实数 $\alpha(0 < \alpha < 1)$,存在统计量 $\hat{\theta}_1 = \hat{\theta}_1(X_1, X_2, \cdots, X_n)$ 和 $\hat{\theta}_2 = \hat{\theta}_2(X_1, X_2, \cdots, X_n)$,使得

$$P\{\hat{\theta}_1 < \theta < \hat{\theta}_2\} = 1 - \alpha, \tag{7-4}$$

则称区间 $(\hat{\theta}_1, \hat{\theta}_2)$ 是参数 θ 的**置信度**为 $1 - \alpha$ 的**置信区间**,$\hat{\theta}_1$ 和 $\hat{\theta}_2$ 分别称为置信区间的**置信下限**与**置信上限**.

注 置信区间 $(\hat{\theta}_1, \hat{\theta}_2)$ 是一个随机区间,它可能包含参数 θ 的真值,也可能不包含参数 θ 的真值.式(7-4)表明,在多次重复抽样下(样本容量相同),由于每次抽到的样本一般不会完全相同,用同样的方法构造置信度为 $1 - \alpha$ 的置信区间,将得到许多不同的区间,这些区间中包含参数 θ 真值的约占 $100(1-\alpha)\%$,不包含参数 θ 真值的约占 $100\alpha\%$.

例 1 设总体 $X \sim N(\mu, \sigma^2)$,其中 σ^2 已知,μ 未知,$X_1, X_2, \cdots, X_n$ 是来自总体 X 的一个样本,试求 μ 的置信度为 $1-\alpha$ 的置信区间.

解 由前面的讨论可知,$\overline{X}$ 是 μ 的无偏估计量,且有 $Z = \dfrac{\overline{X} - \mu}{\sigma/\sqrt{n}} \sim N(0, 1)$.

对于给定的置信度 $1 - \alpha$,查附表 1 可确定临界值 $z_{\frac{\alpha}{2}}$(见图 7-1),使其满足

$$P\left\{\left|\frac{\overline{X} - \mu}{\sigma/\sqrt{n}}\right| < z_{\frac{\alpha}{2}}\right\} = 1 - \alpha, \tag{7-5}$$

即

$$P\left\{\overline{X} - \frac{\sigma}{\sqrt{n}} z_{\frac{\alpha}{2}} < \mu < \overline{X} + \frac{\sigma}{\sqrt{n}} z_{\frac{\alpha}{2}}\right\} = 1 - \alpha, \tag{7-6}$$

从而得到 μ 的一个置信度为 $1-\alpha$ 的置信区间

$$\left(\overline{X} - \frac{\sigma}{\sqrt{n}} z_{\frac{\alpha}{2}},\ \overline{X} + \frac{\sigma}{\sqrt{n}} z_{\frac{\alpha}{2}}\right), \tag{7-7}$$

常简记为

$$\left(\overline{X} \pm \frac{\sigma}{\sqrt{n}} z_{\frac{\alpha}{2}}\right). \tag{7-8}$$

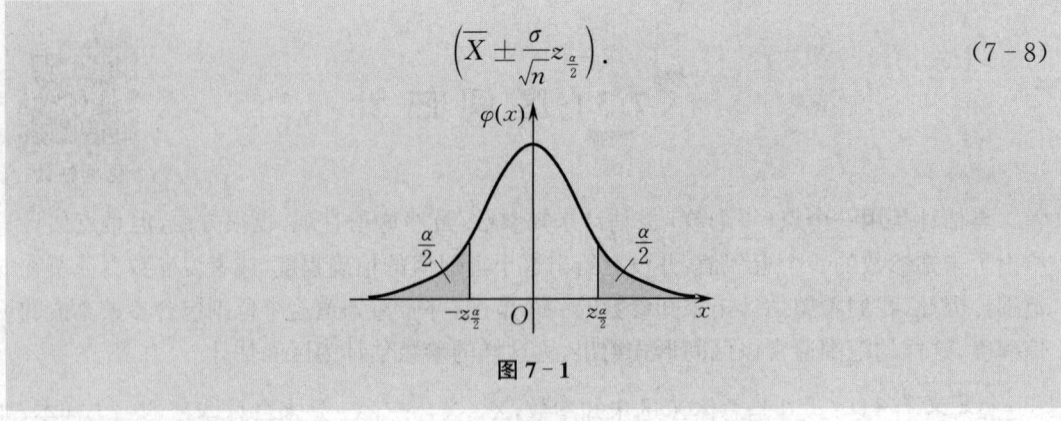

图 7-1

注 (1) 如果取 $1-\alpha=0.95$,即 $\alpha=0.05$,且 $\sigma=1, n=16$,查附表1可得 $z_{\frac{\alpha}{2}}=z_{0.025}=1.96$,于是得 μ 的置信度为 0.95 的一个置信区间

$$\left(\overline{X} \pm \frac{1}{\sqrt{16}} \times 1.96\right), \quad 即 \quad (\overline{X} \pm 0.49).$$

又若由一个样本值算得样本均值的观察值为 6.80,则得到一个区间

$$(6.80 \pm 0.49), \quad 即 \quad (6.31, 7.29),$$

该区间包含 μ 的真值的可信度为 95%.

(2) 置信度为 $1-\alpha$ 的置信区间并不唯一. 置信区间越短,表示估计的精度越高. 因为标准正态分布的分布曲线关于纵坐标轴对称,不难看出,对称于原点的置信区间是最短的,所以我们选取式(7-7)中的置信区间.

参考例 1 可得求未知参数 θ 的置信区间的一般步骤:

(1) 寻求一个样本 $X_1, X_2, \cdots, X_n$ 的函数 $Z=Z(X_1, X_2, \cdots, X_n; \theta)$,它包含未知参数 θ,但不含其他任何未知参数. 求出 Z 的分布,且此分布不依赖于任何未知参数(包括 θ).

(2) 对于给定的置信度 $1-\alpha$,定出两个常数 a, b,使得

$$P\{a < Z < b\} = 1-\alpha.$$

(3) 若能从不等式 $a < Z < b$ 中得到等价的关于 θ 的不等式 $\hat{\theta}_1 < \theta < \hat{\theta}_2$,其中 $\hat{\theta}_1 = \hat{\theta}_1(X_1, X_2, \cdots, X_n), \hat{\theta}_2 = \hat{\theta}_2(X_1, X_2, \cdots, X_n)$ 都是统计量,则 $(\hat{\theta}_1, \hat{\theta}_2)$ 就是 θ 的一个置信度为 $1-\alpha$ 的置信区间.

§7.4 正态总体均值与方差的区间估计

在实际应用中,正态随机变量是最常见的随机变量,故正态分布是最重要的分布之一. 下面重点讨论正态总体均值 μ 与方差 σ^2 的区间估计.

一、单个正态总体 $N(\mu, \sigma^2)$ 的情形

设总体 $X \sim N(\mu, \sigma^2), X_1, X_2, \cdots, X_n$ 是来自总体 X 的一个样本,并给定置信度为 $1-\alpha$.

1. 均值 μ 的置信区间

(1) 方差 σ^2 已知,求 μ 的置信区间.

由 §7.3 的例 1,已经得到 μ 的置信度为 $1-\alpha$ 的置信区间为

$$\left(\overline{X} \pm \frac{\sigma}{\sqrt{n}} z_{\frac{\alpha}{2}}\right). \tag{7-9}$$

例 1 (滚珠直径的区间估计) 已知某种滚珠的直径(单位:mm)服从正态分布,且方差为 0.06. 现从某日生产的一批滚珠中随机抽取 6 只,测得直径的数据为

$$14.6,\ 15.1,\ 14.9,\ 14.8,\ 15.2,\ 15.1,$$

试求该批滚珠平均直径的置信度为 0.95 的置信区间.

解 依题意有 $1-\alpha=0.95$,即 $\alpha=0.05$,$\sigma=\sqrt{0.06}$,$n=6$,由样本值算得

$$\overline{x}=\frac{1}{6}(14.6+15.1+\cdots+15.1)=14.95,$$

查附表 1 得 $z_{\frac{\alpha}{2}}=z_{0.025}=1.96$,于是

$$\overline{x}-\frac{\sigma}{\sqrt{n}}z_{\frac{\alpha}{2}}=14.95-\frac{\sqrt{0.06}}{\sqrt{6}}\times 1.96=14.754,$$

$$\overline{x}+\frac{\sigma}{\sqrt{n}}z_{\frac{\alpha}{2}}=14.95+\frac{\sqrt{0.06}}{\sqrt{6}}\times 1.96=15.146,$$

故所求置信区间为 $(14.754, 15.146)$.

例 2 (鲜牛奶冰点的区间估计) 为了得到鲜牛奶的冰点(单位:℃),对其冰点进行了 21 次独立重复测量,得到数据如下:

$$-0.541,\ -0.545,\ -0.543,\ -0.554,\ -0.547,\ -0.543,\ -0.538,$$
$$-0.548,\ -0.552,\ -0.544,\ -0.551,\ -0.547,\ -0.542,\ -0.545,$$
$$-0.552,\ -0.551,\ -0.548,\ -0.543,\ -0.552,\ -0.535,\ -0.546.$$

设鲜牛奶的冰点服从正态分布 $N(\mu, 0.0048^2)$,且测量数据没有系统偏差,求 μ 的置信度为 0.95 的置信区间.

解 依题意有 $1-\alpha=0.95$,即 $\alpha=0.05$,$\sigma=0.0048$,$n=21$,容易从测量数据中计算出 $\overline{x}=-0.546$,查附表 1 得 $z_{\frac{\alpha}{2}}=z_{0.025}=1.96$,于是得到 μ 的置信度为 0.95 的置信区间为

$$\left(\overline{x}-\frac{\sigma}{\sqrt{n}}z_{\frac{\alpha}{2}},\ \overline{x}+\frac{\sigma}{\sqrt{n}}z_{\frac{\alpha}{2}}\right)=(-0.548,\ -0.544).$$

(2) 方差 σ^2 未知,求 μ 的置信区间.

此时,由于式(7-9)中包含了未知参数 σ,因此不能使用该式来进行区间估计. 考虑到样本方差 S^2 是 σ^2 的无偏估计,用 S 代替 σ,由第六章 §6.2 定理 6.1 知

$$T=\frac{\overline{X}-\mu}{S/\sqrt{n}} \sim t(n-1). \tag{7-10}$$

对于给定的置信度 $1-\alpha$，查附表 3 可确定临界值 $t_{\frac{\alpha}{2}}(n-1)$（见图 7-2），使其满足

$$P\left\{\left|\frac{\overline{X}-\mu}{S/\sqrt{n}}\right|<t_{\frac{\alpha}{2}}(n-1)\right\}=1-\alpha, \tag{7-11}$$

即

$$P\left\{\overline{X}-\frac{S}{\sqrt{n}}t_{\frac{\alpha}{2}}(n-1)<\mu<\overline{X}+\frac{S}{\sqrt{n}}t_{\frac{\alpha}{2}}(n-1)\right\}=1-\alpha, \tag{7-12}$$

从而得到 μ 的一个置信度为 $1-\alpha$ 的置信区间

$$\left(\overline{X}-\frac{S}{\sqrt{n}}t_{\frac{\alpha}{2}}(n-1),\overline{X}+\frac{S}{\sqrt{n}}t_{\frac{\alpha}{2}}(n-1)\right). \tag{7-13}$$

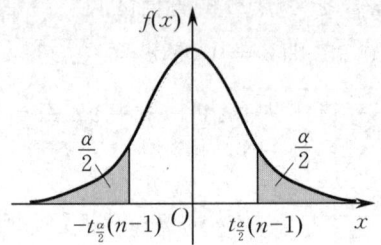

图 7-2

例 3 （胡椒粉净重的区间估计）设有一批胡椒粉，每袋的净重（单位：g）服从正态分布．现从中任取 8 袋，测得净重数据分别为

12.1, 11.9, 12.4, 12.3, 11.9, 12.1, 12.4, 12.1,

试求 μ 的置信度为 0.99 的置信区间．

解 依题意有 $1-\alpha=0.99$，即 $\alpha=0.01$，$n=8$，由样本值易算得 $\overline{x}=12.15$，$s=0.2$，查附表 3 得 $t_{\frac{\alpha}{2}}(n-1)=t_{0.005}(7)=3.4995$，于是

$$\overline{x}-\frac{s}{\sqrt{n}}t_{\frac{\alpha}{2}}(n-1)=12.15-\frac{0.2}{\sqrt{8}}\times 3.4995=11.90,$$

$$\overline{x}+\frac{s}{\sqrt{n}}t_{\frac{\alpha}{2}}(n-1)=12.15+\frac{0.2}{\sqrt{8}}\times 3.4995=12.40,$$

所以 μ 的置信度为 0.99 的置信区间是 (11.90, 12.40)．

2. 方差 σ^2 的置信区间

根据实际问题的需要，只介绍 μ 未知的情形．

考虑到样本方差 S^2 是 σ^2 的无偏估计，且由第六章 §6.2 的定理 6.1 知

$$\frac{(n-1)S^2}{\sigma^2}\sim\chi^2(n-1). \tag{7-14}$$

对于给定的置信度 $1-\alpha$，查附表 4 可确定临界值 $\chi^2_{\frac{\alpha}{2}}(n-1)$ 和 $\chi^2_{1-\frac{\alpha}{2}}(n-1)$（见图 7-3），使其满足

$$P\left\{\chi^2_{1-\frac{\alpha}{2}}(n-1) < \frac{(n-1)S^2}{\sigma^2} < \chi^2_{\frac{\alpha}{2}}(n-1)\right\} = 1-\alpha, \qquad (7-15)$$

即

$$P\left\{\frac{(n-1)S^2}{\chi^2_{\frac{\alpha}{2}}(n-1)} < \sigma^2 < \frac{(n-1)S^2}{\chi^2_{1-\frac{\alpha}{2}}(n-1)}\right\} = 1-\alpha, \qquad (7-16)$$

从而得到 σ^2 的一个置信度为 $1-\alpha$ 的置信区间

$$\left(\frac{(n-1)S^2}{\chi^2_{\frac{\alpha}{2}}(n-1)}, \frac{(n-1)S^2}{\chi^2_{1-\frac{\alpha}{2}}(n-1)}\right), \qquad (7-17)$$

进而可得标准差 σ 的一个置信度为 $1-\alpha$ 的置信区间

$$\left(\frac{\sqrt{n-1}\,S}{\sqrt{\chi^2_{\frac{\alpha}{2}}(n-1)}}, \frac{\sqrt{n-1}\,S}{\sqrt{\chi^2_{1-\frac{\alpha}{2}}(n-1)}}\right). \qquad (7-18)$$

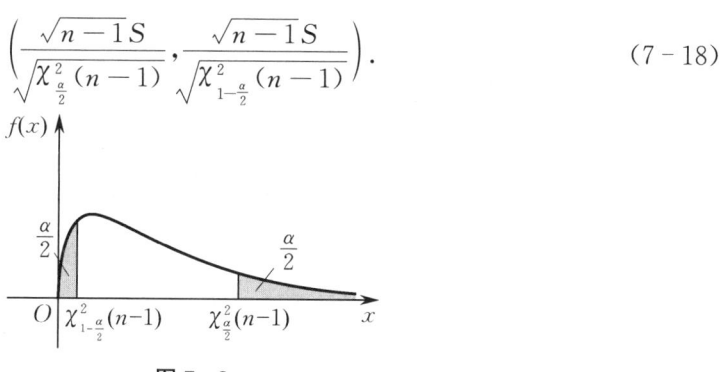

图 7-3

例 4 设某粒子运动的速度（单位：m/s）服从正态分布 $N(\mu,\sigma^2)$，其中 μ,σ^2 均未知. 现对该粒子的速度独立地做了 5 次测量，求得这 5 次测量值的方差 $s^2=0.09$，试求 σ^2 的置信度为 0.9 的置信区间.

解 依题意有 $n=5, 1-\alpha=0.9$，即 $\alpha=0.1$，查附表 4 得 $\chi^2_{\frac{\alpha}{2}}(n-1)=\chi^2_{0.05}(4)=9.488$，$\chi^2_{1-\frac{\alpha}{2}}(n-1)=\chi^2_{0.95}(4)=0.711$，于是

$$\frac{(n-1)s^2}{\chi^2_{\frac{\alpha}{2}}(n-1)} = \frac{4 \times 0.09}{9.488} = 0.038,$$

$$\frac{(n-1)s^2}{\chi^2_{1-\frac{\alpha}{2}}(n-1)} = \frac{4 \times 0.09}{0.711} = 0.506,$$

所以 σ^2 的置信度为 0.9 的置信区间为 $(0.038, 0.506)$.

二、两个正态总体 $N(\mu_1,\sigma_1^2)$ 和 $N(\mu_2,\sigma_2^2)$ 的情形

设给定的置信度为 $1-\alpha$，并设总体 $X \sim N(\mu_1,\sigma_1^2), Y \sim N(\mu_2,\sigma_2^2)$，$X_1,X_2,\cdots,X_{n_1}$ 与 $Y_1,Y_2,\cdots,Y_{n_2}$ 分别是来自总体 X 和 Y 的样本，且这两个样本相互独立，$\overline{X},\overline{Y}$ 分别为这两个样本的样本均值，S_1^2,S_2^2 分别为这两个样本的样本方差.

1. 两个正态总体均值差 $\mu_1-\mu_2$ 的置信区间

(1) 方差 σ_1^2,σ_2^2 已知,求 $\mu_1-\mu_2$ 的置信区间.

因 $\overline{X},\overline{Y}$ 分别为 μ_1,μ_2 的无偏估计,故 $\overline{X}-\overline{Y}$ 为 $\mu_1-\mu_2$ 的无偏估计,且由第六章 §6.2 的定理 6.2 知

$$\frac{(\overline{X}-\overline{Y})-(\mu_1-\mu_2)}{\sqrt{\dfrac{\sigma_1^2}{n_1}+\dfrac{\sigma_2^2}{n_2}}} \sim N(0,1), \tag{7-19}$$

于是得 $\mu_1-\mu_2$ 的置信度为 $1-\alpha$ 的置信区间是

$$\left((\overline{X}-\overline{Y})-\sqrt{\frac{\sigma_1^2}{n_1}+\frac{\sigma_2^2}{n_2}}z_{\frac{\alpha}{2}},\ (\overline{X}-\overline{Y})+\sqrt{\frac{\sigma_1^2}{n_1}+\frac{\sigma_2^2}{n_2}}z_{\frac{\alpha}{2}}\right). \tag{7-20}$$

(2) 方差 σ_1^2 和 σ_2^2 未知,但已知 $\sigma_1^2=\sigma_2^2=\sigma^2$,求 $\mu_1-\mu_2$ 的置信区间.

此时,由第六章 §6.2 的定理 6.2 知

$$\frac{(\overline{X}-\overline{Y})-(\mu_1-\mu_2)}{S_W\sqrt{\dfrac{1}{n_1}+\dfrac{1}{n_2}}} \sim t(n_1+n_2-2), \tag{7-21}$$

其中 $S_W=\sqrt{\dfrac{(n_1-1)S_1^2+(n_2-1)S_2^2}{n_1+n_2-2}}$,于是得 $\mu_1-\mu_2$ 的置信度为 $1-\alpha$ 的置信区间是

$$\left((\overline{X}-\overline{Y})-S_W\sqrt{\frac{1}{n_1}+\frac{1}{n_2}}t_{\frac{\alpha}{2}}(n_1+n_2-2),\ (\overline{X}-\overline{Y})+S_W\sqrt{\frac{1}{n_1}+\frac{1}{n_2}}t_{\frac{\alpha}{2}}(n_1+n_2-2)\right). \tag{7-22}$$

例 5 为比较 Ⅰ,Ⅱ 两种型号步枪子弹的枪口速度(单位:m/s),随机地取 Ⅰ 型子弹 10 发,得到枪口速度的平均值为 $\overline{x}_1=500$,标准差 $s_1=1.1$;随机地取 Ⅱ 型子弹 20 发,得到枪口速度的平均值为 $\overline{x}_2=496$,标准差 $s_2=1.2$. 假设两总体都可认为近似地服从正态分布,且由生产过程可认为方差相等,求两总体均值差 $\mu_1-\mu_2$ 的置信度为 0.95 的置信区间.

解 按实际情况,可认为分别来自两总体的样本是相互独立的. 又因两总体的方差相等,但数值未知,故由式(7-22)可求得均值差 $\mu_1-\mu_2$ 的置信区间.

依题意有 $1-\alpha=0.95$,即 $\alpha=0.05,n_1=10,n_2=20,n_1+n_2-2=28$,查附表 3 得 $t_{\frac{\alpha}{2}}(n_1+n_2-2)=t_{0.025}(28)=2.0484$,于是

$$s_W\sqrt{\frac{1}{n_1}+\frac{1}{n_2}}t_{\frac{\alpha}{2}}(n_1+n_2-2)=\sqrt{\frac{9\times1.1^2+19\times1.2^2}{28}}\times\sqrt{\frac{1}{10}+\frac{1}{20}}\times 2.0484=0.93,$$

故所求置信区间为

$$(500-496-0.93,\ 500-496+0.93)=(3.07,4.93).$$

2. 两个正态总体方差比 $\dfrac{\sigma_1^2}{\sigma_2^2}$ 的置信区间

我们仅讨论总体均值 μ_1, μ_2 均未知的情形.

由第六章 §6.2 定理 6.2 知

$$F = \dfrac{S_1^2/\sigma_1^2}{S_2^2/\sigma_2^2} \sim F(n_1-1, n_2-1). \tag{7-23}$$

对于给定的置信度 $1-\alpha$，查附表 5 可确定临界值 $F_{1-\frac{\alpha}{2}}(n_1-1, n_2-1)$ 和 $F_{\frac{\alpha}{2}}(n_1-1, n_2-1)$（见图 7-4），使其满足

$$P\left\{ F_{1-\frac{\alpha}{2}}(n_1-1, n_2-1) < \dfrac{S_1^2/\sigma_1^2}{S_2^2/\sigma_2^2} < F_{\frac{\alpha}{2}}(n_1-1, n_2-1) \right\} = 1-\alpha, \tag{7-24}$$

即

$$P\left\{ \dfrac{S_1^2}{F_{\frac{\alpha}{2}}(n_1-1, n_2-1)S_2^2} < \dfrac{\sigma_1^2}{\sigma_2^2} < \dfrac{S_1^2}{F_{1-\frac{\alpha}{2}}(n_1-1, n_2-1)S_2^2} \right\} = 1-\alpha, \tag{7-25}$$

从而得 $\dfrac{\sigma_1^2}{\sigma_2^2}$ 的一个置信度为 $1-\alpha$ 的置信区间是

$$\left(\dfrac{S_1^2}{F_{\frac{\alpha}{2}}(n_1-1, n_2-1)S_2^2}, \dfrac{S_1^2}{F_{1-\frac{\alpha}{2}}(n_1-1, n_2-1)S_2^2} \right). \tag{7-26}$$

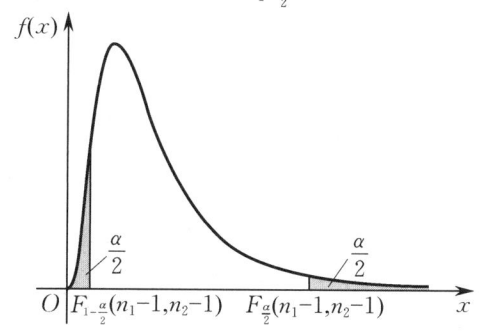

图 7-4

例 6 某钢铁公司的管理人员为比较新、旧两个电炉的温度（单位：℃）情况，抽取了新电炉的 31 个数据和旧电炉的 25 个数据，计算得样本方差依次为 $s_1^2 = 75, s_2^2 = 100$. 设电炉温度服从正态分布，求两个正态总体方差比 $\dfrac{\sigma_1^2}{\sigma_2^2}$ 的置信度为 0.95 的置信区间.

解 依题意有 $n_1 = 31, n_2 = 25, 1-\alpha = 0.95, \dfrac{\alpha}{2} = 0.025, 1-\dfrac{\alpha}{2} = 0.975$，查附表 5 得 $F_{\frac{\alpha}{2}}(n_1-1, n_2-1) = F_{0.025}(30, 24) = 2.21$,

$$F_{1-\frac{\alpha}{2}}(n_1-1, n_2-1) = F_{0.975}(30, 24) = \dfrac{1}{F_{0.025}(24, 30)} = \dfrac{1}{2.14},$$

于是得 $\dfrac{\sigma_1^2}{\sigma_2^2}$ 的置信度为 0.95 的置信区间为

$$\left(\frac{75}{100\times 2.21}, \frac{75}{100}\times 2.14\right)=(0.34,1.61).$$

正态总体的均值、方差的置信度为 $1-\alpha$ 的置信区间如表 7-3 所示.

表 7-3

	待估参数	其他参数	所用函数及分布	置信区间
单个正态总体	μ	σ^2 已知	$Z=\dfrac{\overline{X}-\mu}{\sigma/\sqrt{n}}\sim N(0,1)$	$\left(\overline{X}\pm\dfrac{\sigma}{\sqrt{n}}z_{\frac{\alpha}{2}}\right)$
	μ	σ^2 未知	$T=\dfrac{\overline{X}-\mu}{S/\sqrt{n}}\sim t(n-1)$	$\left(\overline{X}\pm\dfrac{S}{\sqrt{n}}t_{\frac{\alpha}{2}}(n-1)\right)$
	σ^2	μ 未知	$\chi^2=\dfrac{(n-1)S^2}{\sigma^2}\sim\chi^2(n-1)$	$\left(\dfrac{(n-1)S^2}{\chi^2_{\frac{\alpha}{2}}(n-1)},\dfrac{(n-1)S^2}{\chi^2_{1-\frac{\alpha}{2}}(n-1)}\right)$
两个正态总体	$\mu_1-\mu_2$	σ_1^2,σ_2^2 已知	$Z=\dfrac{(\overline{X}-\overline{Y})-(\mu_1-\mu_2)}{\sqrt{\dfrac{\sigma_1^2}{n_1}+\dfrac{\sigma_2^2}{n_2}}}\sim N(0,1)$	$\left((\overline{X}-\overline{Y})\pm\sqrt{\dfrac{\sigma_1^2}{n_1}+\dfrac{\sigma_2^2}{n_2}}z_{\frac{\alpha}{2}}\right)$
	$\mu_1-\mu_2$	$\sigma_1^2=\sigma_2^2=\sigma^2$ 未知	$T=\dfrac{(\overline{X}-\overline{Y})-(\mu_1-\mu_2)}{S_W\sqrt{\dfrac{1}{n_1}+\dfrac{1}{n_2}}}\sim t(n_1+n_2-2),$ $S_W^2=\dfrac{(n_1-1)S_1^2+(n_2-1)S_2^2}{n_1+n_2-2}$	$\left((\overline{X}-\overline{Y})\pm S_W\sqrt{\dfrac{1}{n_1}+\dfrac{1}{n_2}}t_{\frac{\alpha}{2}}(n_1+n_2-2)\right)$
	$\dfrac{\sigma_1^2}{\sigma_2^2}$	μ_1,μ_2 均未知	$F=\dfrac{S_1^2/\sigma_1^2}{S_2^2/\sigma_2^2}\sim F(n_1-1,n_2-1)$	$\left(\dfrac{S_1^2}{F_{\frac{\alpha}{2}}(n_1-1,n_2-1)S_2^2},\dfrac{S_1^2}{F_{1-\frac{\alpha}{2}}(n_1-1,n_2-1)S_2^2}\right)$

习题七

1. 设总体 $X\sim B(m,p)$,其中 p 是未知参数,$X_1,X_2,\cdots,X_n$ 是来自总体 X 的一个样本,求 p 的矩估计量.

2. 设总体 X 以等概率 $\dfrac{1}{\theta}$ 取值 $1,2,\cdots,\theta$,$X_1,X_2,\cdots,X_n$ 是来自总体 X 的一个样本,试求未知参数 θ 的矩估计量.

3. 设总体 X 的概率密度为

$$f(x;\theta)=\begin{cases}(\theta+1)x^\theta, & 0\leqslant x\leqslant 1,\\ 0, & \text{其他},\end{cases}$$

其中 $\theta(\theta>-1)$ 为未知参数，$X_1,X_2,\cdots,X_n$ 是来自总体 X 的一个样本，求 θ 的矩估计量和极大似然估计量.

4. 已知总体 X 的概率密度为

$$f(x;\theta)=\begin{cases}\dfrac{x}{\theta}e^{-\frac{x^2}{2\theta}}, & x>0,\\ 0, & x\leqslant 0,\end{cases}$$

其中 $\theta(\theta>0)$ 为未知参数，$X_1,X_2,\cdots,X_n$ 为来自总体 X 的一个样本，求 θ 的极大似然估计量.

5. 设某种电子元件的使用寿命 X 的概率密度为

$$f(x;\theta)=\begin{cases}2e^{-2(x-\theta)}, & x>\theta,\\ 0, & x\leqslant\theta,\end{cases}$$

其中 $\theta(\theta>0)$ 为未知参数，$x_1,x_2,\cdots,x_n$ 为来自总体 X 的一组样本值，求 θ 的极大似然估计值.

6. 设总体 X 的分布律如表 7-4 所示，其中 $\theta(\theta>0)$ 是未知参数，利用来自总体 X 的一组样本值 2,3,2,1,3，求 θ 的矩估计值和极大似然估计值.

表 7-4

X	1	2	3
P	θ	$\dfrac{\theta}{2}$	$1-\dfrac{3\theta}{2}$

7. 设总体 X 的概率密度为

$$f(x;\theta)=\begin{cases}\dfrac{1}{\theta}x^{\frac{1-\theta}{\theta}}, & 0<x<1,\\ 0, & \text{其他},\end{cases}$$

其中 $\theta(\theta>0)$ 为未知参数，$X_1,X_2,\cdots,X_n$ 为来自总体 X 的一个样本，求 θ 的极大似然估计量，并判断所求的估计量是否为无偏估计量.

8. 已知总体 X 在区间 $[0,\theta]$ 上服从均匀分布，其中参数 θ 未知，X_1,X_2,X_3,X_4 是来自总体 X 的一个样本. 设有估计量 $\hat{\theta}=\dfrac{1}{2}(X_1+X_2+X_3+X_4)$. 试证：$\hat{\theta}$ 是 θ 的无偏估计量.

9. 已知标准差为 $\sigma=3$ 的正态总体的一组样本值为

$$3.3,\ -0.3,\ -0.6,\ -0.9,$$

求正态总体的均值 μ 的置信度为 0.95 的置信区间.

10. 设某种炮弹的炮口速度（单位：m/s）服从正态分布 $N(\mu,\sigma^2)$，其中参数 μ,σ^2 均未知. 现随机取 9 发该种炮弹做试验，得炮口速度的样本标准差 $s=11$，求该种炮弹的炮口速度的标准差 σ 的置信度为 0.95 的置信区间.

11. 设总体 $X\sim N(\mu,10^2)$，要使 μ 的置信度为 0.95 的置信区间的长度不大于 5，样本容量 n 最小应为多少？

第八章

假 设 检 验

假设检验是除参数估计之外的另一类重要的统计推断问题. 当总体的分布函数未知,或只知其形式而不知道它的参数的情况时,为推断总体的某些未知特性,我们往往先提出假设,然后根据样本所提供的信息去检验这个假设是否正确,从而做出拒绝或接受假设的判断,这就是本章要介绍的假设检验问题.

本章首先介绍假设检验的基本概念,然后详细讨论单个正态总体均值与方差的假设检验,最后讨论两个正态总体均值差与方差比的假设检验.

学习目标与
知识结构

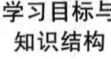

内曼与假设检验

 假设检验的基本概念

一、假设检验的基本思想

我们先看一个例子,结合例子来说明假设检验的基本思想.

> **引例** 某工厂用自动包装机包装白砂糖,规定每袋的质量为 500 g. 已知这台包装机存在随机误差,正常情况下它包装出的产品质量(单位:g) 服从正态分布 $N(500,15^2)$. 某日开工后,随机抽取这台包装机包装的 9 袋产品,称得的质量分别为
>
> 497, 506, 518, 524, 498, 511, 520, 515, 512.
>
> 问:这天包装机的工作是否正常?
>
> **解** 设 X 表示这天包装机包装的袋装白砂糖的质量(单位:g),根据经验可知方差比较稳定,于是假设 $X \sim N(\mu,15^2)$. 要判断包装机工作是否正常,即要求根据样本值检验以下假设是否成立:
>
> $$H_0: \mu = 500; \quad H_1: \mu \neq 500.$$
>
> 通常把假设 H_0 称为**原假设**(或**零假设**),而把 H_1 称为**备择假设**(或**对立假设**). 检验的目的就是要在原假设 H_0 与备择假设 H_1 两者中选择其一:若认为原假设 H_0 是正确的,则接受 H_0(拒绝 H_1);若认为原假设 H_0 是不正确的,则拒绝 H_0(接受 H_1).

我们知道，样本均值 $\overline{X}$ 是总体均值 μ 的无偏估计，$\overline{X}$ 的观察值 $\overline{x}$ 的大小在一定程度上反映了 μ 的大小. 因此，如果原假设 H_0 正确，那么观察值 $\overline{x}$ 与 μ 的偏差 $|\overline{x}-\mu|$ 不应太大. 若 $|\overline{x}-\mu|$ 过分大，超过了一定的界限，就应该拒绝原假设 H_0，否则就接受假设 H_0.

如何确定这个界限呢？在假设检验中，我们是依据**小概率原理**来确定这个界限的. 小概率原理是指**小概率事件在一次试验中几乎不会发生**. 如果小概率事件在一次试验中发生了，我们就有很大的把握认为相应的假设是不合理的. 基于这一原理，我们给定一个小概率 α，称为**显著性水平**，通常取 α 为较小的数，如 $0.05, 0.01$ 等. 然后确定一个临界值 k，使得

$$P\{|\overline{X}-\mu|>k\}=\alpha.$$

将 $\overline{X}$ 的观察值 $\overline{x}$ 代入上式，若有 $|\overline{x}-\mu|>k$，则说明小概率事件在一次试验中发生了，这与小概率原理相矛盾，故我们有理由拒绝原假设 H_0；而若 $|\overline{x}-\mu|\leqslant k$，则接受原假设 H_0.

如何确定临界值 k 呢？我们注意到当原假设 H_0 成立时，统计量

$$Z=\frac{\overline{X}-500}{\sigma/\sqrt{n}}\sim N(0,1),$$

于是有

$$P\{|Z|>z_{\frac{\alpha}{2}}\}=P\left\{\left|\frac{\overline{X}-500}{\sigma/\sqrt{n}}\right|>z_{\frac{\alpha}{2}}\right\}=P\left\{|\overline{X}-500|>\frac{\sigma}{\sqrt{n}}z_{\frac{\alpha}{2}}\right\}=\alpha.$$

由此得到临界值 $k=\frac{\sigma}{\sqrt{n}}z_{\frac{\alpha}{2}}$.

在引例中，若取显著性水平 $\alpha=0.05$，依题意有 $\sigma=15, n=9$，查附表 1 得 $z_{\frac{\alpha}{2}}=z_{0.025}=1.96$，由样本值易计算出 $\overline{x}=511.22$，从而有

$$\left|\frac{\overline{x}-500}{\sigma/\sqrt{n}}\right|=\frac{|511.22-500|}{15/\sqrt{9}}=2.244>1.96.$$

这说明小概率事件发生了，故拒绝原假设 H_0，认为这天包装机的工作不正常.

二、假设检验的两类错误

我们知道，假设检验做出判断的依据是小概率原理，然而小概率事件无论其概率多么小，实际上还是有可能发生的，又因为抽样的随机性，所以利用上述方法进行假设检验所得的结论可能是错误的. 假设检验的错误一般可以分为两类.

1. 第一类错误

如果原假设 H_0 实际上为真，但是却错误地拒绝了 H_0，这样就犯了弃真的错误，这一类错误称为**第一类错误**或**弃真错误**. 显然，显著性水平 α 是犯第一类错误的概率，即

$$P\{\text{拒绝 }H_0\mid H_0\text{ 为真}\}=\alpha.$$

2. 第二类错误

如果原假设 H_0 实际上不真，但是却错误地接受了 H_0，这就犯了取伪的错误，这一类错

误称为**第二类错误**或**取伪错误**. 犯第二类错误的概率记为 β, 即

$$P\{\text{接受 } H_0 \mid H_0 \text{ 不真}\} = \beta.$$

理论上,人们自然希望什么错误都不犯,但实际上这是不可能的. 当样本容量 n 给定后,犯这两类错误的概率不可能同时减小. 若减小其中一个,另一个往往就会增大. 要使它们同时减小,只有增大样本容量 n,而这在实际中往往不易做到,甚至不可能做到. 在实际问题中,通常的做法是先控制犯第一类错误的概率 α, 然后通过增大样本容量 n 使犯第二类错误的概率 β 尽可能小.

在给定样本容量的情况下,我们总是控制犯第一类错误的概率,使它不超过给定值 α. α 的大小视具体情况给定,通常 α 取 0.01, 0.05 或 0.1. 这种只对犯第一类错误加以控制而不考虑犯第二类错误的检验问题,称为**显著性检验问题**.

三、假设检验的一般步骤

假设检验的一般步骤如下:

假设检验的一般步骤

(1) 根据实际问题提出原假设 H_0 及备择假设 H_1;
(2) 构造适当的统计量,并在原假设 H_0 成立的条件下确定该统计量的分布;
(3) 对于给定的显著性水平 α, 根据统计量的分布查对应的附表,确定统计量对应于 α 的临界值;
(4) 根据样本值计算统计量的观察值,并与临界值进行比较,从而做出拒绝或接受原假设 H_0 的判断.

由拒绝原假设 H_0 的统计量的所有可能取值组成的集合称为**拒绝域**,由接受原假设 H_0 的统计量的所有可能取值组成的集合称为**接受域**.

§8.2 单个正态总体均值与方差的假设检验

由于在实际问题中,正态总体广泛存在,因此本书中主要介绍正态总体的显著性检验问题. 在以下假设检验中,设 $X_1, X_2, \cdots, X_n$ 是来自正态总体 $X \sim N(\mu, \sigma^2)$ 的一个样本.

一、单个正态总体均值 μ 的假设检验

在实际应用中,最常见的是如下形式的假设检验:

$$H_0: \mu = \mu_0; \quad H_1: \mu \neq \mu_0. \tag{8-1}$$

$$H_0: \mu \leq \mu_0; \quad H_1: \mu > \mu_0. \tag{8-2}$$

$$H_0: \mu \geq \mu_0; \quad H_1: \mu < \mu_0. \tag{8-3}$$

假设检验

在假设检验(8-1)中,备择假设 $H_1: \mu \neq \mu_0$ 的意思是 μ 可能大于 μ_0, 也可能小于 μ_0, 称其为**双侧备择假设**, 称形如假设检验(8-1)的假设检验为**双侧检验**, 称形如假设检验(8-2)的假设检验为**右侧检验**, 称形如假设检验(8-3)的假设检验为**左侧检验**. 右侧检验和左侧检验统称为**单侧检验**.

1. 方差 σ^2 已知时, 关于 μ 的假设检验

(1) 双侧检验 $H_0: \mu = \mu_0$; $H_1: \mu \neq \mu_0$.

当原假设 H_0 为真时,选取统计量

$$Z = \frac{\overline{X} - \mu_0}{\sigma/\sqrt{n}} \sim N(0,1).$$

对于给定的显著性水平 α,查附表 1 可确定临界值 $z_{\frac{\alpha}{2}}$,使其满足

$$P\{|Z| > z_{\frac{\alpha}{2}}\} = \alpha,$$

从而得拒绝域为

$$|Z| = \left|\frac{\overline{X} - \mu_0}{\sigma/\sqrt{n}}\right| > z_{\frac{\alpha}{2}}.$$

由给定的样本值计算统计量 Z 的观察值 z,最后做出判断:若 $|z| > z_{\frac{\alpha}{2}}$,则拒绝原假设 H_0;若 $|z| \leqslant z_{\frac{\alpha}{2}}$,则接受原假设 H_0.

这种利用服从正态分布的 Z 统计量的检验方法称为 **Z 检验法**.

(2) 右侧检验 $H_0: \mu \leqslant \mu_0$; $H_1: \mu > \mu_0$.

选取统计量 $Z = \frac{\overline{X} - \mu_0}{\sigma/\sqrt{n}}$. 此时的拒绝域与双侧检验的拒绝域形式不同. 由于拒绝原假设 H_0 意味着接受备择假设 H_1,因此只有当 $\overline{X}$ 的观察值比 μ_0 大很多时,才有理由拒绝 H_0, 接受 H_1. 于是拒绝域的形式为 $Z > k$,其中 k 为待定常数. 又因为 $\frac{\overline{X} - \mu}{\sigma/\sqrt{n}} \sim N(0,1)$,所以当原假设 H_0 为真时,有

$$P\left\{\frac{\overline{X} - \mu_0}{\sigma/\sqrt{n}} > z_\alpha\right\} \leqslant P\left\{\frac{\overline{X} - \mu}{\sigma/\sqrt{n}} > z_\alpha\right\} = \alpha,$$

可得 $k = z_\alpha$. 故拒绝域为

$$Z = \frac{\overline{X} - \mu_0}{\sigma/\sqrt{n}} > z_\alpha.$$

(3) 左侧检验 $H_0: \mu \geqslant \mu_0$; $H_1: \mu < \mu_0$.

选取统计量 $Z = \frac{\overline{X} - \mu_0}{\sigma/\sqrt{n}}$,类似可得该假设检验的拒绝域为

$$Z = \frac{\overline{X} - \mu_0}{\sigma/\sqrt{n}} < -z_\alpha.$$

例 1 (**铁水含碳量的检验**) 已知某炼铁厂在某种工艺条件下铁水含碳量(单位: %)$X \sim N(4.55, 0.108^2)$,现改变了工艺条件,又测了五炉铁水,其含碳量分别为

$$4.28, \ 4.40, \ 4.42, \ 4.35, \ 4.37.$$

若总体方差没有变化,即 $\sigma^2 = 0.108^2$,则总体均值 μ 有无变化(显著性水平 $\alpha = 0.05$)?

解 因为方差 σ^2 已知,所以可以采用 Z 检验法.

提出假设
$$H_0: \mu = 4.55; \quad H_1: \mu \neq 4.55.$$

选取统计量
$$Z = \frac{\overline{X} - 4.55}{\sigma/\sqrt{n}} \sim N(0,1).$$

对于给定的显著性水平 $\alpha = 0.05$,依题意有 $\sigma = 0.108, n = 5$,查附表1得 $z_{\frac{\alpha}{2}} = z_{0.025} = 1.96$,由样本值易计算出
$$\overline{x} = \frac{1}{5}(4.28 + 4.40 + 4.42 + 4.35 + 4.37) = 4.364,$$

从而有
$$|z| = \left|\frac{\overline{x} - 4.55}{0.108/\sqrt{5}}\right| = \left|\frac{4.364 - 4.55}{0.108/\sqrt{5}}\right| = 3.85 > 1.96.$$

统计量 Z 的观察值落入拒绝域中,因此拒绝原假设 H_0,即在显著性水平 $\alpha = 0.05$ 下,可认为工艺条件的改变使总体均值有了显著变化.

例2 (产品质量提升分析)某厂生产的电子元件的寿命(单位:h) $X \sim N(950, 100^2)$,改用新工艺生产后,随机抽查25个电子元件,算得平均寿命 $\overline{x} = 970$,问:新工艺下电子元件的平均寿命是否比原来的有所提高(显著性水平 $\alpha = 0.05$)?

解 由题意知,这是右侧检验问题.

提出假设
$$H_0: \mu \leq 950; \quad H_1: \mu > 950.$$

选取统计量
$$Z = \frac{\overline{X} - 950}{\sigma/\sqrt{n}}.$$

对于给定的显著性水平 $\alpha = 0.05$,依题意有 $\sigma = 100, n = 25$,查附表1得 $z_\alpha = z_{0.05} = 1.645$,从而有
$$z = \frac{\overline{x} - 950}{\sigma/\sqrt{n}} = \frac{970 - 950}{100/\sqrt{25}} = 1 < 1.645.$$

故接受原假设 H_0,认为新工艺下电子元件的平均寿命没有显著提高.

2. 方差 σ^2 未知时,关于 μ 的假设检验

当总体方差 σ^2 未知时,不能使用 Z 检验法,因为此时 $Z = \frac{\overline{X} - \mu_0}{\sigma/\sqrt{n}}$ 中含有未知参数 σ,它不是一个统计量,所以要选择其他统计量来进行检验.由于样本方差 S^2 是总体方差 σ^2 的无偏估计,自然想到用 S 去代替 σ,从而构造出新的统计量 $T = \frac{\overline{X} - \mu_0}{S/\sqrt{n}}$.

(1) 双侧检验 $H_0: \mu = \mu_0$; $H_1: \mu \neq \mu_0$.
当原假设 H_0 为真时,选取统计量
$$T = \frac{\overline{X} - \mu_0}{S/\sqrt{n}} \sim t(n-1).$$
对于给定的显著性水平 α,查附表 3 可确定临界值 $t_{\frac{\alpha}{2}}(n-1)$,使其满足
$$P\{|T| > t_{\frac{\alpha}{2}}(n-1)\} = \alpha,$$
从而得拒绝域为
$$|T| = \left|\frac{\overline{X} - \mu_0}{S/\sqrt{n}}\right| > t_{\frac{\alpha}{2}}(n-1).$$

由给定的样本值计算统计量 T 的观察值 t,最后做出判断:若 $|t| > t_{\frac{\alpha}{2}}(n-1)$,则拒绝原假设 H_0;若 $|t| \leq t_{\frac{\alpha}{2}}(n-1)$,则接受原假设 H_0.

这种利用服从 t 分布的 T 统计量的检验方法称为 **T 检验法**.

类似于 Z 检验法中单侧检验的方法,可以得到 T 检验法中单侧检验的拒绝域.

(2) 右侧检验 $H_0: \mu \leq \mu_0$; $H_1: \mu > \mu_0$.
该检验的拒绝域为
$$T = \frac{\overline{X} - \mu_0}{S/\sqrt{n}} > t_\alpha(n-1).$$

(3) 左侧检验 $H_0: \mu \geq \mu_0$; $H_1: \mu < \mu_0$.
该检验的拒绝域为
$$T = \frac{\overline{X} - \mu_0}{S/\sqrt{n}} < -t_\alpha(n-1).$$

例 3 (液化石油气储罐爆破压力的检验) 对一批新的液化石油气储罐进行耐裂试验,抽测 5 个,得爆破压力(单位:t/m^2)数据为
$$545, 545, 530, 550, 545.$$
根据经验,爆破压力可认为是服从正态分布的,且过去该种液化石油气储罐的平均爆破压力为 549 t/m^2. 问:这批新罐的平均爆破压力与过去有无显著差异(显著性水平 $\alpha = 0.05$)?

解 因方差 σ^2 未知,故采用 T 检验法.
提出假设
$$H_0: \mu = 549; \quad H_1: \mu \neq 549.$$
选取统计量
$$T = \frac{\overline{X} - 549}{S/\sqrt{n}} \sim t(n-1).$$
对于给定的显著性水平 $\alpha = 0.05$,依题意有 $n = 5$,查附表 3 得 $t_{\frac{\alpha}{2}}(n-1) = t_{0.025}(4) = 2.7764$,由样本值易计算出

$$\bar{x} = \frac{1}{5}(545+545+530+550+545) = 543,$$

$$s^2 = \frac{1}{4}\big[(545-543)^2 + (545-543)^2 + (530-543)^2$$
$$+ (550-543)^2 + (545-543)^2\big] = 7.58^2,$$

从而有

$$|t| = \left|\frac{\bar{x}-549}{s/\sqrt{n}}\right| = \left|\frac{543-549}{7.58/\sqrt{5}}\right| = 1.77 < 2.7764.$$

因此接受原假设 H_0,即在显著性水平 $\alpha = 0.05$ 下,可认为这批新罐的平均爆破压力与过去相比无显著差异.

例 4 (**药物副作用检测**) 某种内服药物有使病人血压升高的副作用,已知血压升高量(单位:mmHg)服从均值为 22 的正态分布. 对 10 名患者进行测试,记录患者服用某种新药后血压升高的数据如下:

18, 27, 23, 15, 18, 15, 18, 20, 17, 8.

问:能否肯定这种新药的副作用小(显著性水平 $\alpha = 0.05$)?

解 由题意知,这是左侧检验问题.

提出假设

$$H_0: \mu \geqslant 22; \quad H_1: \mu < 22.$$

选取统计量

$$T = \frac{\bar{X}-22}{S/\sqrt{n}}.$$

对于给定的显著性水平 $\alpha = 0.05$,依题意有 $n = 10$,查附表 3 得 $t_\alpha(n-1) = t_{0.05}(9) = 1.8331$,经计算可得 $\bar{x} = 17.9, s = 5.0431$,从而有

$$t = \frac{\bar{x}-22}{s/\sqrt{n}} = \frac{17.9-22}{5.0431/\sqrt{10}} = -2.5709 < -1.8331.$$

故拒绝原假设 H_0,即能肯定这种新药对血压升高的副作用小.

二、单个正态总体方差 σ^2 的假设检验

以下主要讨论均值 μ 未知时,利用 χ^2 分布检验方差 σ^2 的方法.
(1) 双侧检验 $H_0: \sigma^2 = \sigma_0^2; H_1: \sigma^2 \neq \sigma_0^2$.
当原假设 H_0 为真时,选取统计量

$$\chi^2 = \frac{(n-1)S^2}{\sigma_0^2} \sim \chi^2(n-1).$$

对于给定的显著性水平 α,查附表 4 可确定临界值 $\chi^2_{\frac{\alpha}{2}}(n-1)$ 和 $\chi^2_{1-\frac{\alpha}{2}}(n-1)$,使其满足

$$P\{\chi^2 > \chi^2_{\frac{\alpha}{2}}(n-1) \text{ 或 } \chi^2 < \chi^2_{1-\frac{\alpha}{2}}(n-1)\} = \alpha,$$

从而得拒绝域为

$$\chi^2 > \chi^2_{\frac{\alpha}{2}}(n-1) \text{ 或 } \chi^2 < \chi^2_{1-\frac{\alpha}{2}}(n-1).$$

由给定的样本值计算统计量 χ^2 的观察值,最后做出判断:若 χ^2 的观察值落在拒绝域中,即 $\chi^2 > \chi^2_{\frac{\alpha}{2}}(n-1)$ 或 $\chi^2 < \chi^2_{1-\frac{\alpha}{2}}(n-1)$,则拒绝原假设 H_0;若 χ^2 的观察值落在接受域中,即 $\chi^2_{1-\frac{\alpha}{2}}(n-1) \leqslant \chi^2 \leqslant \chi^2_{\frac{\alpha}{2}}(n-1)$,则接受原假设 H_0.

这种利用服从 χ^2 分布的 χ^2 统计量的检验方法称为 χ^2 **检验法**.

(2) 右侧检验 $H_0: \sigma^2 \leqslant \sigma_0^2$; $H_1: \sigma^2 > \sigma_0^2$.

由于 $\dfrac{(n-1)S^2}{\sigma^2} \sim \chi^2(n-1)$, $P\left\{\dfrac{(n-1)S^2}{\sigma^2} > \chi^2_\alpha(n-1)\right\} = \alpha$,当原假设 H_0 为真时,有

$$\frac{(n-1)S^2}{\sigma_0^2} \leqslant \frac{(n-1)S^2}{\sigma^2},$$

从而有

$$P\left\{\frac{(n-1)S^2}{\sigma_0^2} > \chi^2_\alpha(n-1)\right\} \leqslant P\left\{\frac{(n-1)S^2}{\sigma^2} > \chi^2_\alpha(n-1)\right\} = \alpha.$$

因此该检验的拒绝域为

$$\chi^2 = \frac{(n-1)S^2}{\sigma_0^2} > \chi^2_\alpha(n-1).$$

(3) 左侧检验 $H_0: \sigma^2 \geqslant \sigma_0^2$; $H_1: \sigma^2 < \sigma_0^2$.

类似可得该检验的拒绝域为

$$\chi^2 = \frac{(n-1)S^2}{\sigma_0^2} < \chi^2_{1-\alpha}(n-1).$$

例 5 某种导线的电阻(单位:Ω)$X \sim N(\mu, 0.005^2)$,其中 μ 未知. 现从新生产的一批导线中随机抽取 9 根,测量其电阻,计算得样本标准差为 $s = 0.008$,问:能否认为这批导线的电阻的标准差仍为 0.005 Ω(显著性水平 $\alpha = 0.05$)?

解 根据题意,提出假设

$$H_0: \sigma^2 = 0.005^2; \quad H_1: \sigma^2 \neq 0.005^2.$$

选取统计量

$$\chi^2 = \frac{(n-1)S^2}{0.005^2} \sim \chi^2(n-1).$$

对于给定的显著性水平 $\alpha = 0.05$,依题意有 $n = 9$,查附表 4 得

$$\chi^2_{1-\frac{\alpha}{2}}(n-1) = \chi^2_{0.975}(8) = 2.180, \quad \chi^2_{\frac{\alpha}{2}}(n-1) = \chi^2_{0.025}(8) = 17.535,$$

从而有

$$\chi^2 = \frac{(n-1)s^2}{0.005^2} = \frac{8 \times 0.008^2}{0.005^2} = 20.48 > 17.535.$$

故拒绝原假设 H_0,即认为这批导线的电阻的标准差不是 0.005 Ω.

例6 今对某产品进行工艺革新,从革新后的产品中抽取 25 个,测量其直径(单位:mm),计算得样本方差为 $s^2 = 0.00066$. 已知革新前产品直径的方差为 0.0012,设产品的直径服从正态分布,问:革新后生产的产品直径的方差是否显著减小(显著性水平 $\alpha = 0.05$)?

解 根据题意,提出假设
$$H_0: \sigma^2 \geqslant 0.0012; \quad H_1: \sigma^2 < 0.0012.$$
选取统计量
$$\chi^2 = \frac{(n-1)S^2}{0.0012}.$$
对于给定的显著性水平 $\alpha = 0.05$,依题意有 $n = 25$,查附表 4 得 $\chi^2_{1-\alpha}(n-1) = \chi^2_{0.95}(24) = 13.848$,从而有
$$\chi^2 = \frac{(n-1)s^2}{0.0012} = \frac{24 \times 0.00066}{0.0012} = 13.2 < 13.848.$$
因此拒绝原假设 H_0,即认为革新后生产的产品直径的方差小于革新前生产的产品直径的方差.

§8.3 两个正态总体均值差与方差比的假设检验

实际问题中常常需要对两个正态总体进行比较,这种情况实际上就是两个正态总体参数的假设检验问题.

设 X 与 Y 是两个相互独立的正态总体,且 $X \sim N(\mu_1, \sigma_1^2)$,$Y \sim N(\mu_2, \sigma_2^2)$,$X_1, X_2, \cdots, X_{n_1}$ 与 $Y_1, Y_2, \cdots, Y_{n_2}$ 分别为来自总体 X, Y 的样本,$\overline{X}, \overline{Y}$ 分别表示这两个样本的样本均值,S_1^2, S_2^2 分别表示这两个样本的样本方差.

一、两个正态总体均值差的假设检验

1. 方差 σ_1^2, σ_2^2 均已知时,均值差 $\mu_1 - \mu_2$ 的假设检验

检验假设
$$H_0: \mu_1 = \mu_2; \quad H_1: \mu_1 \neq \mu_2.$$
由第六章 §6.2 的定理 6.2 知
$$\frac{(\overline{X} - \overline{Y}) - (\mu_1 - \mu_2)}{\sqrt{\frac{\sigma_1^2}{n_1} + \frac{\sigma_2^2}{n_2}}} \sim N(0, 1).$$
故当原假设 H_0 为真时,选取统计量

$$Z = \frac{\overline{X} - \overline{Y}}{\sqrt{\frac{\sigma_1^2}{n_1} + \frac{\sigma_2^2}{n_2}}} \sim N(0,1).$$

对于给定的显著性水平 α,查附表 1 可确定临界值 $z_{\frac{\alpha}{2}}$,使其满足

$$P\{|Z| > z_{\frac{\alpha}{2}}\} = \alpha,$$

从而得拒绝域为

$$|Z| > z_{\frac{\alpha}{2}}.$$

由给定的样本值计算统计量 Z 的观察值 z,最后做出判断:若 $|z| > z_{\frac{\alpha}{2}}$,则拒绝原假设 H_0;若 $|z| \leqslant z_{\frac{\alpha}{2}}$,则接受原假设 H_0.

2. 方差 σ_1^2, σ_2^2 未知,但 $\sigma_1^2 = \sigma_2^2 = \sigma^2$ 时,均值差 $\mu_1 - \mu_2$ 的假设检验

检验假设

$$H_0: \mu_1 = \mu_2; \quad H_1: \mu_1 \neq \mu_2.$$

由第六章 §6.2 定理 6.2 知,当 $\sigma_1^2 = \sigma_2^2 = \sigma^2$ 时,有

$$\frac{(\overline{X} - \overline{Y}) - (\mu_1 - \mu_2)}{S_W \sqrt{\frac{1}{n_1} + \frac{1}{n_2}}} \sim t(n_1 + n_2 - 2),$$

其中 $S_W = \sqrt{\frac{(n_1-1)S_1^2 + (n_2-1)S_2^2}{n_1+n_2-2}}$. 故当原假设 H_0 为真时,选取统计量

$$T = \frac{\overline{X} - \overline{Y}}{S_W \sqrt{\frac{1}{n_1} + \frac{1}{n_2}}} \sim t(n_1 + n_2 - 2).$$

对于给定的显著性水平 α,查附表 3 可确定临界值 $t_{\frac{\alpha}{2}}(n_1 + n_2 - 2)$,使其满足

$$P\{|T| > t_{\frac{\alpha}{2}}(n_1 + n_2 - 2)\} = \alpha,$$

从而得拒绝域为

$$|T| > t_{\frac{\alpha}{2}}(n_1 + n_2 - 2).$$

由给定的样本值计算统计量 T 的观察值 t,最后做出判断:若 $|t| > t_{\frac{\alpha}{2}}(n_1 + n_2 - 2)$,则拒绝原假设 H_0;若 $|t| \leqslant t_{\frac{\alpha}{2}}(n_1 + n_2 - 2)$,则接受原假设 H_0.

例 1 从甲、乙两批彼此无关的发射管中各取 10 只,分别测得其初速度(单位:m/s)为

甲:130.6, 130.8, 133.9, 133.6, 133.7, 134.0, 134.2, 134.3, 136.0, 137.2,

乙:125.5, 126.5, 128.1, 129.0, 128.9, 130.0, 133.6, 133.0, 134.5, 134.1.

根据经验,两批发射管的初速度均服从正态分布,且方差相同.问:能否认为这两批发射管的初速度无显著差异(显著性水平 $\alpha = 0.05$)?

解 用 X 与 Y 分别表示甲、乙两批发射管的初速度. 根据题意,方差未知,但方差相同,故采用 T 检验法.

提出假设
$$H_0: \mu_1 = \mu_2; \quad H_1: \mu_1 \neq \mu_2.$$

选取统计量
$$T = \frac{\overline{X} - \overline{Y}}{S_W \sqrt{\frac{1}{n_1} + \frac{1}{n_2}}} \sim t(n_1 + n_2 - 2),$$

其中 $S_W = \sqrt{\frac{(n_1-1)S_1^2 + (n_2-1)S_2^2}{n_1 + n_2 - 2}}.$

对于给定的显著性水平 $\alpha = 0.05$,依题意有 $n_1 = n_2 = 10$,查附表3得
$$t_{\frac{\alpha}{2}}(n_1 + n_2 - 2) = t_{0.025}(18) = 2.1009,$$

由样本值易计算出 $\overline{x} = 133.83, \overline{y} = 130.32, s_1^2 = 4.0157, s_2^2 = 10.7018$,从而有
$$|t| = \frac{|\overline{x} - \overline{y}|}{\sqrt{\frac{s_1^2 + s_2^2}{10}}} = \frac{|133.83 - 130.32|}{\sqrt{\frac{4.0157 + 10.7018}{10}}} = 2.8933 > 2.1009.$$

故拒绝原假设 H_0,即认为这两批发射管的初速度有显著差异.

二、两个正态总体方差比的假设检验

总体均值 μ_1, μ_2 未知,检验假设
$$H_0: \sigma_1^2 = \sigma_2^2; \quad H_1: \sigma_1^2 \neq \sigma_2^2.$$

考虑到样本方差 S_1^2 和 S_2^2 分别是总体方差 σ_1^2 和 σ_2^2 的无偏估计量,因此检验以上假设应用到 S_1^2 和 S_2^2. 当原假设 H_0 为真时,统计量 $F = \frac{S_1^2}{S_2^2}$ 的取值应集中在1附近,若这个比值过大或过小,则应拒绝原假设 H_0.

由第六章§6.2的定理6.2知
$$\frac{S_1^2/\sigma_1^2}{S_2^2/\sigma_2^2} \sim F(n_1 - 1, n_2 - 1).$$

故当原假设 H_0 为真时,选取统计量
$$F = \frac{S_1^2}{S_2^2} \sim F(n_1 - 1, n_2 - 1).$$

对于给定的显著性水平 α,查附表5可确定临界值 $F_{\frac{\alpha}{2}}(n_1 - 1, n_2 - 1)$ 和 $F_{1-\frac{\alpha}{2}}(n_1 - 1, n_2 - 1)$,使其满足
$$P\{F < F_{1-\frac{\alpha}{2}}(n_1 - 1, n_2 - 1) \text{ 或 } F > F_{\frac{\alpha}{2}}(n_1 - 1, n_2 - 1)\} = \alpha,$$

从而得拒绝域为
$$F < F_{1-\frac{\alpha}{2}}(n_1-1, n_2-1) \text{ 或 } F > F_{\frac{\alpha}{2}}(n_1-1, n_2-1).$$

由给定的样本值计算统计量 F 的观察值，最后做出判断：若观察值落在拒绝域中，即 $F < F_{1-\frac{\alpha}{2}}(n_1-1, n_2-1)$ 或 $F > F_{\frac{\alpha}{2}}(n_1-1, n_2-1)$，则拒绝原假设 H_0；若观察值落在接受域中，即 $F_{1-\frac{\alpha}{2}}(n_1-1, n_2-1) \leqslant F \leqslant F_{\frac{\alpha}{2}}(n_1-1, n_2-1)$，则接受原假设 H_0.

这种利用服从 F 分布的 F 统计量的检验方法称为 F **检验法**.

例 2 对某种物品在处理前与处理后分别抽样分析其含脂率（单位：%），得到如下数据：

处理前：0.19，0.18，0.21，0.30，0.41，0.12，0.27，

处理后：0.15，0.13，0.07，0.24，0.19，0.06，0.08，0.12.

假定该种物品处理前的含脂率 $X \sim N(\mu_1, \sigma_1^2)$，处理后的含脂率 $Y \sim N(\mu_2, \sigma_2^2)$，试比较处理前与处理后含脂率的方差是否有显著差异（显著性水平 $\alpha = 0.05$）？

解 根据题意，提出假设
$$H_0: \sigma_1^2 = \sigma_2^2; \quad H_1: \sigma_1^2 \neq \sigma_2^2.$$

选取统计量
$$F = \frac{S_1^2}{S_2^2} \sim F(n_1-1, n_2-1).$$

对于给定的显著性水平 $\alpha = 0.05$，依题意有 $n_1 = 7, n_2 = 8$，查附表 5 得
$$F_{\frac{\alpha}{2}}(n_1-1, n_2-1) = F_{0.025}(6,7) = 5.12,$$
$$F_{1-\frac{\alpha}{2}}(n_1-1, n_2-1) = F_{0.975}(6,7) = \frac{1}{F_{0.025}(7,6)} = \frac{1}{5.70} = 0.18,$$

由样本值易计算出 $s_1^2 = 0.0091, s_2^2 = 0.0039$，从而有
$$F = \frac{s_1^2}{s_2^2} = \frac{0.0091}{0.0039} = 2.33.$$

因为 $0.18 < F < 5.12$，所以接受原假设 H_0，即认为处理前与处理后含脂率的方差无显著差异.

两个正态总体的单侧检验，这里就不详述了，具体结论如表 8-1 所示.

表 8-1

H_0	H_1	条件	检验用的统计量	拒绝域
$\mu = \mu_0$	$\mu \neq \mu_0$			$\|Z\| > z_{\frac{\alpha}{2}}$
$\mu \leqslant \mu_0$	$\mu > \mu_0$	σ^2 已知	$Z = \dfrac{\overline{X} - \mu_0}{\sigma/\sqrt{n}}$	$Z > z_\alpha$
$\mu \geqslant \mu_0$	$\mu < \mu_0$			$Z < -z_\alpha$

续表

H_0	H_1	条件	检验用的统计量	拒绝域
$\mu = \mu_0$	$\mu \neq \mu_0$			$|T| > t_{\frac{\alpha}{2}}(n-1)$
$\mu \leq \mu_0$	$\mu > \mu_0$	σ^2 未知	$T = \dfrac{\overline{X} - \mu_0}{S/\sqrt{n}}$	$T > t_\alpha(n-1)$
$\mu \geq \mu_0$	$\mu < \mu_0$			$T < -t_\alpha(n-1)$
$\sigma^2 = \sigma_0^2$	$\sigma^2 \neq \sigma_0^2$	μ 未知	$\chi^2 = \dfrac{(n-1)S^2}{\sigma_0^2}$	$\chi^2 < \chi^2_{1-\frac{\alpha}{2}}(n-1)$ 或 $\chi^2 > \chi^2_{\frac{\alpha}{2}}(n-1)$
$\sigma^2 \leq \sigma_0^2$	$\sigma^2 > \sigma_0^2$	μ 未知	$\chi^2 = \dfrac{(n-1)S^2}{\sigma_0^2}$	$\chi^2 > \chi^2_\alpha(n-1)$
$\sigma^2 \geq \sigma_0^2$	$\sigma^2 < \sigma_0^2$			$\chi^2 < \chi^2_{1-\alpha}(n-1)$
$\mu_1 = \mu_2$	$\mu_1 \neq \mu_2$			$|Z| > z_{\frac{\alpha}{2}}$
$\mu_1 \leq \mu_2$	$\mu_1 > \mu_2$	σ_1^2, σ_2^2 已知	$Z = \dfrac{\overline{X} - \overline{Y}}{\sqrt{\dfrac{\sigma_1^2}{n_1} + \dfrac{\sigma_2^2}{n_2}}}$	$Z > z_\alpha$
$\mu_1 \geq \mu_2$	$\mu_1 < \mu_2$			$Z < -z_\alpha$
$\mu_1 = \mu_2$	$\mu_1 \neq \mu_2$			$|T| > t_{\frac{\alpha}{2}}(n_1 + n_2 - 2)$
$\mu_1 \leq \mu_2$	$\mu_1 > \mu_2$	σ_1^2, σ_2^2 未知, 但 $\sigma_1^2 = \sigma_2^2$	$T = \dfrac{\overline{X} - \overline{Y}}{S_W \sqrt{\dfrac{1}{n_1} + \dfrac{1}{n_2}}}$	$T > t_\alpha(n_1 + n_2 - 2)$
$\mu_1 \geq \mu_2$	$\mu_1 < \mu_2$			$T < -t_\alpha(n_1 + n_2 - 2)$
$\sigma_1^2 = \sigma_2^2$	$\sigma_1^2 \neq \sigma_2^2$			$F < F_{1-\frac{\alpha}{2}}(n_1-1, n_2-1)$ 或 $F > F_{\frac{\alpha}{2}}(n_1-1, n_2-1)$
$\sigma_1^2 \leq \sigma_2^2$	$\sigma_1^2 > \sigma_2^2$	μ_1, μ_2 未知	$F = \dfrac{S_1^2}{S_2^2}$	$F > F_\alpha(n_1-1, n_2-1)$
$\sigma_1^2 \geq \sigma_2^2$	$\sigma_1^2 < \sigma_2^2$			$F < F_{1-\alpha}(n_1-1, n_2-1)$

习题八

1. 已知正常情况下生产某种零件的质量(单位:kg)服从正态分布 $N(54, 0.75^2)$. 在某日生产的零件中抽取 10 件,测得质量如下：

    53.8, 54.0, 55.1, 54.2, 52.1, 54.2, 55.8, 55.0, 55.1, 55.3.

    如果标准差不变,问:该日生产零件的平均质量较正常情况有无显著差异(显著性水平 $\alpha = 0.05$)？

2. 经测定,某批砂矿的 5 个样品中的镍含量(单位:%)为

    3.25, 3.27, 3.24, 3.26, 3.24.

    设测定值总体服从正态分布,问:在显著性水平 $\alpha = 0.01$ 下能否认为这批砂矿的镍含量的均值为 3.25%？

3. 已知某纺织厂生产的维尼纶纤度(单位:旦尼尔)在生产稳定的情况下服从正态分布,且标准差为 0.048. 现从某日生产的产品中抽取 5 根,测得其纤度分别为

$$1.32,\ 1.55,\ 1.36,\ 1.40,\ 1.44.$$

取显著性水平 $\alpha = 0.01$.

(1) 能否认为该日的标准差为 0.048?

(2) 能否认为该日的标准差显著大于 0.048?

4. 进行 5 次试验,测得锰的熔点(单位:℃)为

$$1\,269,\ 1\,271,\ 1\,256,\ 1\,265,\ 1\,254.$$

已知锰的熔点服从正态分布,问:可否认为锰的熔点显著高于 1 250 ℃(显著性水平 $\alpha = 0.01$)?

5. 有两批棉纱,为比较其断裂强度(单位:kN),从中各取一个样本,测试得到如下数据:

第一批棉纱样本: $n_1 = 200, \bar{x} = 0.532, s_1 = 0.218$;

第二批棉纱样本: $n_1 = 200, \bar{y} = 0.57, s_2 = 0.176$.

设两强度总体均服从正态分布,方差未知但相等,问:这两批棉纱断裂强度的均值有无显著差异(显著性水平 $\alpha = 0.05$)?

6. 为了比较不同季节出生的女婴体重的方差,从某年 6 月、12 月出生的女婴中分别随机抽取 10 名和 6 名,测得其体重(单位:g)如下:

6 月:3 220, 3 220, 3 760, 3 000, 2 920, 3 740, 3 060, 3 080, 2 940, 3 060;

12 月:3 520, 2 960, 2 560, 2 960, 3 260, 3 960.

假定新生女婴的体重服从正态分布,问:6 月与 12 月出生的女婴体重的方差是否有显著差异(显著性水平 $\alpha = 0.05$)?

7. 据推测,矮个子的人比高个子的人寿命要长一些. 下面是 31 位自然死亡的人的寿命(单位:年)统计数据:

矮个子:85, 79, 67, 90, 80;

高个子:68, 53, 63, 70, 88, 74, 64, 66, 60, 60, 78, 71, 67,
90, 73, 71, 77, 72, 57, 78, 67, 56, 63, 64, 83, 65.

假设两个总体服从方差相等的正态分布,试问:这些数据是否符合上述推测(显著性水平 $\alpha = 0.05$)?

第九章

回归分析与方差分析

学习目标与知识结构

回归分析是处理多个变量之间相关关系的一种数学方法,方差分析是判断影响试验结果的各因素的效应是否显著的一种有效方法. 回归分析和方差分析都在数理统计中具有广泛的应用. 本章首先介绍一元和多元线性回归的基本内容,然后介绍最基本的单因素试验的方差分析.

§9.1 一元线性回归

客观世界中变量之间的关系通常可以分为两类. 一类是确定性关系,也就是我们所熟悉的函数关系,如平面几何中圆的面积 S 与其半径 r 之间的关系为 $S=\pi r^2$,若已知半径 r,就可以严格地计算出圆的面积的精确值. 第二类是非确定性关系,如农作物的单位面积产量与施肥量之间有密切的关系,但是这两个变量之间的关系却不能用确定的函数关系来表达. 此外,人的身高与体重、孩子的身高与父母的身高、人的血压与年龄等关系也是如此. 通常称这样的关系为**相关关系**. 回归分析是研究相关关系的一种有效方法.

费希尔

一、一元线性回归

先考虑两个变量的情形. 假设 x 与 y 之间存在某种相关关系,其中 x 是可控变量或可精确观察的变量,如在施肥量与产量的关系中,施肥量是可控的,把它看作普通变量,称为**自变量**,而产量 y 是随机变量,无法事先对它做出精确判断,称为**因变量**. 自变量 x 可以在一定程度上决定因变量 y,但通过 x 的值不能精确地确定 y 的值.

对 (x,y) 进行一系列观测,得到一个样本容量为 n 的样本:
$$(x_1,y_1),\quad (x_2,y_2),\quad \cdots,\quad (x_n,y_n).$$
将这些数据点画在平面直角坐标系中,得到的图形称为**散点图**(见图 9-1).

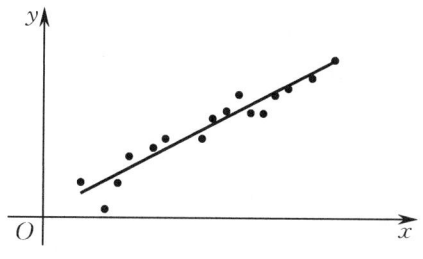

图 9-1

若散点图中的点像图 9-1 那样呈直线状,则表明 y 与 x 之间有线性相关关系,可以建立数学模型

$$y = a + bx + \varepsilon, \quad \varepsilon \sim N(0, \sigma^2) \tag{9-1}$$

来描述它们之间的关系. 因 x 不能严格地确定 y, 故模型中增加一个误差项 ε, 它表示 y 不能由 x 所确定的那一部分. 式(9-1)称为**一元线性回归模型**, 其中 a, b 为未知的待估参数, 称为**回归系数**, σ^2 是 ε 的方差, 也是未知参数.

将 $(x_i, y_i)(i = 1, 2, \cdots, n)$ 代入式(9-1), 得到

$$y_i = a + bx_i + \varepsilon_i. \tag{9-2}$$

这里 $\varepsilon_i(i = 1, 2, \cdots, n)$ 为对应于第 i 组数据 (x_i, y_i) 的误差, 由于各次观测相互独立, 因此 $\varepsilon_1, \varepsilon_2, \cdots, \varepsilon_n$ 相互独立且与 ε 有相同的分布.

下面讨论未知参数 a, b 和 σ^2 的估计.

1. a, b 的最小二乘估计

最小二乘法是数理统计中估计未知参数的一种重要方法, 现用它来求一元线性回归模型中未知参数 a, b 的估计.

最小二乘法的基本思想是: 对一组样本值 $(x_1, y_1), (x_2, y_2), \cdots, (x_n, y_n)$, 以使误差 $\varepsilon_i = y_i - (a + bx_i)$ 的平方和

$$Q(a, b) = \sum_{i=1}^{n} \varepsilon_i^2 = \sum_{i=1}^{n} [y_i - (a + bx_i)]^2 \tag{9-3}$$

达到最小的 $\hat{a}, \hat{b}$ 作为未知参数 a, b 的估计, 称其为**最小二乘估计**. 在数学上, 这就归结为求二元函数 $Q(a, b)$ 的最小值点的问题.

由微分学知, $\hat{a}$ 与 $\hat{b}$ 应是方程组

$$\begin{cases} \dfrac{\partial Q}{\partial a} = -2 \sum_{i=1}^{n} (y_i - a - bx_i) = 0, \\ \dfrac{\partial Q}{\partial b} = -2 \sum_{i=1}^{n} (y_i - a - bx_i) x_i = 0 \end{cases}$$

的解. 上述方程组可化为

$$\begin{cases} na + b \sum_{i=1}^{n} x_i = \sum_{i=1}^{n} y_i, \\ a \sum_{i=1}^{n} x_i + b \sum_{i=1}^{n} x_i^2 = \sum_{i=1}^{n} x_i y_i, \end{cases}$$

由此不难求得 a, b 的估计分别为

$$\begin{cases} \hat{a} = \overline{y} - \hat{b}\overline{x}, \\ \hat{b} = \dfrac{\sum\limits_{i=1}^{n}(x_i - \overline{x})(y_i - \overline{y})}{\sum\limits_{i=1}^{n}(x_i - \overline{x})^2}, \end{cases} \quad (9-4)$$

其中 $\overline{x} = \dfrac{1}{n}\sum\limits_{i=1}^{n}x_i, \overline{y} = \dfrac{1}{n}\sum\limits_{i=1}^{n}y_i$. 于是, 可得**线性回归方程**为

$$\hat{y} = \hat{a} + \hat{b}x. \quad (9-5)$$

线性回归方程简称**回归方程**, 回归方程的图形称为**回归直线**. 将 $\hat{a} = \overline{y} - \hat{b}\overline{x}$ 代入式 (9-5), 则回归方程也可以表示为

$$\hat{y} = \overline{y} + \hat{b}(x - \overline{x}). \quad (9-6)$$

式 (9-6) 表明, 回归直线是一条过样本点 $(x_1, y_1), (x_2, y_2), \cdots, (x_n, y_n)$ 的几何中心点 $(\overline{x}, \overline{y})$, 斜率为 $\hat{b}$ 的直线.

为了计算上的方便, 引入下述记号:

$$\begin{cases} S_{xx} = \sum\limits_{i=1}^{n}(x_i - \overline{x})^2 = \sum\limits_{i=1}^{n}x_i^2 - n\overline{x}^2, \\ S_{xy} = \sum\limits_{i=1}^{n}(x_i - \overline{x})(y_i - \overline{y}) = \sum\limits_{i=1}^{n}x_i y_i - n\overline{x}\,\overline{y}, \\ S_{yy} = \sum\limits_{i=1}^{n}(y_i - \overline{y})^2 = \sum\limits_{i=1}^{n}y_i^2 - n\overline{y}^2, \end{cases}$$

则 a, b 的估计可分别写成

$$\begin{cases} \hat{a} = \overline{y} - \hat{b}\overline{x}, \\ \hat{b} = \dfrac{S_{xy}}{S_{xx}}. \end{cases} \quad (9-7)$$

例 1 为研究某商品的价格与销售总额之间的关系, 现收集该商品在一个地区 10 个时间段内的价格 x(单位: 元) 和销售总额 y(单位: 万元), 所得统计资料如表 9-1 所示. 求 y 对 x 的回归方程.

表 9-1

时间段	1	2	3	4	5	6	7	8	9	10
x	12.0	8.0	11.5	13.0	15.0	14.0	8.5	10.5	11.5	13.3
y	11.6	8.5	11.4	12.2	13.0	13.2	8.9	10.5	11.3	12.0

解 依题意有 $n=10$,根据表 9-1 中数据计算可得

$$\overline{x}=11.73, \quad \overline{y}=11.26, \quad \sum_{i=1}^{10}x_i^2=1\,421.89, \quad \sum_{i=1}^{10}y_i^2=1\,290, \quad \sum_{i=1}^{10}x_iy_i=1\,352.15,$$

$$S_{xx}=\sum_{i=1}^{10}x_i^2-10\overline{x}^2=45.961, \quad S_{xy}=\sum_{i=1}^{10}x_iy_i-10\overline{x}\,\overline{y}=31.352,$$

$$S_{yy}=\sum_{i=1}^{10}y_i^2-10\overline{y}^2=22.124.$$

把它们代入式(9-7)中,得

$$\hat{a}=3.259\,0, \quad \hat{b}=0.682\,1,$$

因此所求的回归方程为

$$\hat{y}=3.259\,0+0.682\,1x.$$

2. σ^2 的估计

在一元线性回归模型中,误差项 ε 的方差 σ^2 同样是一个非常重要的参数. 有了 a,b 的最小二乘估计 $\hat{a},\hat{b}$ 后,便可以构造 σ^2 的估计.

由于 $\varepsilon_i=y_i-(a+bx_i)$,因此很自然想到用 $\hat{a},\hat{b}$ 分别代替 a,b,得到 ε_i 的估计

$$\hat{\varepsilon}_i=y_i-(\hat{a}+\hat{b}x_i) \quad (i=1,2,\cdots,n),$$

通常称之为**残差**. 用残差可以构造 σ^2 的一个常用的估计:

$$\hat{\sigma}^2=\frac{1}{n-2}\sum_{i=1}^{n}\hat{\varepsilon}_i^2. \tag{9-8}$$

3. $\hat{a},\hat{b}$ 和 $\hat{\sigma}^2$ 的性质

下面不加证明地给出 $\hat{a},\hat{b}$ 和 $\hat{\sigma}^2$ 的性质.

(1) $\hat{a}$ 与 $\hat{b}$ 分别是 a 与 b 的无偏估计,即 $E(\hat{a})=a, E(\hat{b})=b$.

(2) $\hat{a}$ 与 $\hat{b}$ 都服从正态分布,即

$$\hat{a}\sim N\left(a,\left(\frac{1}{n}+\frac{\overline{x}^2}{S_{xx}}\right)\sigma^2\right), \quad \hat{b}\sim N\left(b,\frac{1}{S_{xx}}\sigma^2\right).$$

(3) $\hat{\sigma}^2$ 是 σ^2 的无偏估计.

(4) $\dfrac{(n-2)\hat{\sigma}^2}{\sigma^2}\sim\chi^2(n-2)$,并且 $\hat{\sigma}^2$ 分别与 $\hat{a},\hat{b}$ 相互独立.

二、回归方程的显著性检验

从上述求回归方程的过程来看,对于任何一组试验数据 $(x_i,y_i)(i=1,2,\cdots,n)$,都可以用最小二乘法求出一个 y 关于 x 的回归方程,即使 y 与 x 之间不具有线性相关关系. 若 y 与 x 之间不存在某种线性相关关系,则回归方程没有意义. 因此,就需要对 y 关于 x 的回归

方程进行假设检验，即检验 x 的变化对 y 的影响是否显著. 这个问题可以利用线性相关关系的显著性检验来解决.

因为当且仅当 $b \neq 0$ 时，变量 y 与 x 之间存在线性相关关系，所以我们需要检验假设
$$H_0: b=0; \quad H_1: b \neq 0.$$
若拒绝原假设 H_0，则认为 y 与 x 之间存在线性相关关系，所求得的回归方程有意义；若接受原假设 H_0，则认为 y 与 x 之间的相关关系不能用一元线性回归模型来描述，所求得的回归方程无意义.

对上述假设的检验，我们介绍 3 种常用的检验法.

1. T 检验法

我们知道，$\hat{b}$ 和 $\hat{\sigma}^2$ 具有以下性质：
$$\hat{b} \sim N\left(b, \frac{1}{S_{xx}}\sigma^2\right), \quad \frac{(n-2)\hat{\sigma}^2}{\sigma^2} \sim \chi^2(n-2),$$

并且 $\hat{\sigma}^2$ 与 $\hat{b}$ 相互独立. 因此，当原假设 H_0 为真时，选取统计量
$$T = \frac{\hat{b}}{\hat{\sigma}/\sqrt{S_{xx}}} \sim t(n-2). \tag{9-9}$$

对于给定的显著性水平 α，此假设检验的拒绝域为
$$|T| > t_{\frac{\alpha}{2}}(n-2).$$

这就是所谓的 T **检验法**.

2. F 检验法

注意到 t 分布和 F 分布的关系，当 $T \sim t(n-2)$ 时，有 $T^2 \sim F(1, n-2)$，故选取统计量
$$F = \frac{\hat{b}^2}{\hat{\sigma}^2/S_{xx}} \sim F(1, n-2). \tag{9-10}$$

对于给定的显著性水平 α，此假设检验的拒绝域为
$$F > F_\alpha(1, n-2).$$

这就是所谓的 F **检验法**.

关于上述假设检验的 F 检验法，需要把 F 统计量换成另外一种表示形式，这在理解上会更容易.

当 x 取值 $x_1, x_2, \cdots, x_n$ 时，得到 y 的一组观测值 $y_1, y_2, \cdots, y_n$，称
$$Q_{总} = S_{yy} = \sum_{i=1}^n (y_i - \overline{y})^2$$

为 $y_1, y_2, \cdots, y_n$ 的**总偏差平方和**，它的大小反映了观测值 $y_1, y_2, \cdots, y_n$ 的分散程度.

对 $Q_{总}$ 进行分解：
$$Q_{总} = S_{yy} = \sum_{i=1}^n (y_i - \overline{y})^2 = \sum_{i=1}^n [(y_i - \hat{y}_i) + (\hat{y}_i - \overline{y})]^2$$
$$= \sum_{i=1}^n (y_i - \hat{y}_i)^2 + \sum_{i=1}^n (\hat{y}_i - \overline{y})^2 + 2\sum_{i=1}^n (y_i - \hat{y}_i)(\hat{y}_i - \overline{y}),$$

不难证明 $\sum_{i=1}^{n}(y_i-\hat{y}_i)(\hat{y}_i-\overline{y})=0$，因此

$$Q_{总}=\sum_{i=1}^{n}(y_i-\hat{y}_i)^2+\sum_{i=1}^{n}(\hat{y}_i-\overline{y})^2=Q_{剩}+Q_{回}, \qquad (9-11)$$

其中 $Q_{剩}=\sum_{i=1}^{n}(y_i-\hat{y}_i)^2$，$Q_{回}=\sum_{i=1}^{n}(\hat{y}_i-\overline{y})^2=\sum_{i=1}^{n}[(\hat{a}+\hat{b}x_i)-(\hat{a}+\hat{b}\overline{x})]^2=\hat{b}^2\sum_{i=1}^{n}(x_i-\overline{x})^2$。$Q_{剩}$ 称为**剩余平方和**，它反映了观测值 y_i 偏离回归直线的程度，这种偏离是由试验误差及其他未加控制的因素引起的．事实上，它就是残差 $\hat{\varepsilon}_i$ 的平方和，即 $Q_{剩}=\sum_{i=1}^{n}\hat{\varepsilon}_i^2$。由于 $\hat{\sigma}^2=\frac{1}{n-2}\sum_{i=1}^{n}\hat{\varepsilon}_i^2$，且 $\hat{\sigma}^2$ 是 σ^2 的无偏估计，因此 $\hat{\sigma}^2=\frac{Q_{剩}}{n-2}$ 是 σ^2 的无偏估计．$Q_{回}$ 称为**回归平方和**，它反映了回归值 $\hat{y}_i(i=1,2,\cdots,n)$ 的离散程度，这种离散是由 $x_i(i=1,2,\cdots,n)$ 的离散性所导致的．只有当 $Q_{回}$ 相对于 $Q_{剩}$ 充分大时，才能认为 y 与 x 的线性相关关系的假设正确，即 $Q_{回}$ 与 $Q_{剩}$ 的比值越大，其线性相关性越强．

由于

$$Q_{总}=S_{yy}, \quad Q_{回}=\hat{b}^2\sum_{i=1}^{n}(x_i-\overline{x})^2=\left(\frac{S_{xy}}{S_{xx}}\right)^2 S_{xx}=\frac{S_{xy}^2}{S_{xx}},$$

因此

$$Q_{剩}=Q_{总}-Q_{回}=S_{yy}-\frac{S_{xy}^2}{S_{xx}}.$$

可以证明，统计量

$$F=\frac{\hat{b}^2}{\hat{\sigma}^2/S_{xx}}=\frac{Q_{回}/1}{Q_{剩}/(n-2)},$$

故当原假设 H_0 为真时，选取统计量

$$F=\frac{Q_{回}}{Q_{剩}/(n-2)} \sim F(1,n-2). \qquad (9-12)$$

对于给定的显著性水平 α，此假设检验的拒绝域为
$$F>F_{\alpha}(1,n-2).$$

例 2 在显著性水平 $\alpha=0.05$ 下，检验例 1 中的回归方程的显著性．

解 由例 1 知，$n=10, S_{xx}=45.961, S_{xy}=31.352, S_{yy}=22.124$，则

$$Q_{回}=\frac{S_{xy}^2}{S_{xx}}=21.387,$$

$$Q_{剩}=Q_{总}-Q_{回}=S_{yy}-Q_{回}=22.124-21.387=0.737,$$

从而有

$$F=\frac{Q_{回}}{Q_{剩}/(n-2)}=\frac{21.387}{0.737/8}=232.15>F_{0.05}(1,8)=5.32.$$

故拒绝原假设 H_0，即认为在显著性水平 $\alpha=0.05$ 下，回归方程

$$\hat{y} = 3.2590 + 0.6821x$$

所表达的 y 与 x 的线性相关关系是显著的.

3. 相关系数检验法

回归方程的显著性还可以用 x 与 y 之间的相关系数 ρ_{xy} 来检验. 由于 ρ_{xy} 未知,因此引入样本相关系数:

$$R = \frac{\frac{1}{n}\sum_{i=1}^{n}(x_i - \overline{x})(y_i - \overline{y})}{\sqrt{\frac{1}{n}\sum_{i=1}^{n}(x_i - \overline{x})^2}\sqrt{\frac{1}{n}\sum_{i=1}^{n}(y_i - \overline{y})^2}}$$

$$= \frac{\sum_{i=1}^{n}(x_i - \overline{x})(y_i - \overline{y})}{\sqrt{\sum_{i=1}^{n}(x_i - \overline{x})^2}\sqrt{\sum_{i=1}^{n}(y_i - \overline{y})^2}} = \frac{S_{xy}}{\sqrt{S_{xx}}\sqrt{S_{yy}}}.$$

由于 $\dfrac{Q_{回}}{Q_{总}} = \dfrac{S_{xy}^2}{S_{xx}S_{yy}} = R^2$,因此易得 $|R| \leqslant 1$. 又 $\hat{b} = \dfrac{S_{xy}}{S_{xx}}$,故

$$R = \frac{\hat{b}S_{xx}}{\sqrt{S_{xx}}\sqrt{S_{yy}}}.$$

易见 R 和 $\hat{b}$ 的符号是一致的,它的值反映了 x 与 y 的内在联系.

显然,只有当 R 的绝对值 $|R|$ 充分接近 1 时,我们才能认为 x 与 y 之间存在线性相关关系. 那么当 $|R|$ 的值具体为多大时,才能拒绝原假设 H_0 呢? 下面我们来讨论这个问题.

统计量 F 与样本相关系数 R 有如下关系:

$$F = \frac{Q_{回}}{Q_{剩}/(n-2)} = \frac{(n-2)\dfrac{S_{xy}^2}{S_{xx}}}{S_{yy} - \dfrac{S_{xy}^2}{S_{xx}}} = (n-2)\frac{\dfrac{S_{xy}^2}{S_{xx}S_{yy}}}{1 - \dfrac{S_{xy}^2}{S_{xx}S_{yy}}} = \frac{(n-2)R^2}{1 - R^2},$$

故当原假设 H_0 为真时,选取统计量

$$F = \frac{(n-2)R^2}{1-R^2} \sim F(1, n-2).$$

对于给定的显著性水平 α,由

$$\alpha = P\left\{\frac{(n-2)R^2}{1-R^2} > F_\alpha(1, n-2)\right\} = P\left\{R^2 > \frac{F_\alpha(1, n-2)}{n-2+F_\alpha(1, n-2)}\right\}$$

$$= P\left\{|R| > \sqrt{\frac{F_\alpha(1, n-2)}{n-2+F_\alpha(1, n-2)}}\right\},$$

即得到样本相关系数临界值 $R_\alpha(n-2)$ 的计算式:

$$R_\alpha(n-2) = \sqrt{\frac{F_\alpha(1, n-2)}{n-2+F_\alpha(1, n-2)}}. \tag{9-13}$$

当 $|R|>R_\alpha(n-2)$ 时,则拒绝原假设 H_0,即认为 y 与 x 之间的线性相关关系显著;否则,可认为 y 与 x 之间的线性相关关系不显著.样本相关系数的临界值 $R_\alpha(n-2)$ 已制成相关系数检验表(附表6),以方便使用.

注 回归方程的显著性检验有 T 检验法、F 检验法和相关系数检验法,这3种方法都是常用的方法.由以上分析可知,这3种检验方法是等价的,可任意选择使用其中一种方法.

三、预测与控制

当回归方程的检验效果显著时,我们可以用回归方程
$$\hat{y}=\hat{a}+\hat{b}x$$
进行预测与控制.

对于给定的 $x=x_0$,由上述回归方程可以计算出 y 的估计值 $\hat{y}_0=\hat{a}+\hat{b}x_0$.我们就用 $\hat{y}_0$ 作为 y 在点 x_0 处的点预测值,这就是所谓的**点预测**.

然而知道 y 的点预测值还不够,还要知道预测的精确性和可靠性,这就需要对于给定的置信度 $1-\alpha$,求出 y_0 的置信区间,这就是所谓的**区间预测**.

进行区间预测需要假设误差 ε_i 服从正态分布且相互独立.限于篇幅,这里只给出相应的结论.

对于给定的实数 $\alpha(0<\alpha<1)$,可以证明 y_0 的置信度为 $1-\alpha$ 的置信区间为
$$\left(\hat{y}_0\pm t_{\frac{\alpha}{2}}(n-2)\hat{\sigma}\sqrt{1+\frac{1}{n}+\frac{(x_0-\overline{x})^2}{S_{xx}}}\right). \tag{9-14}$$

从式(9-14)可以看出,置信区间与置信度 $1-\alpha$、样本容量 n 及点 x_0 有关.若 n 及 x_0 保持不变,则 α 越小,$t_{\frac{\alpha}{2}}(n-2)$ 越大,置信区间越长,预测误差也就越大;若 α 与 n 保持不变,则 x_0 距 $\overline{x}$ 越远,同样预测误差也越大.特别地,当 n 较大,且 x_0 非常接近 $\overline{x}$ 时,有
$$\sqrt{1+\frac{1}{n}+\frac{(x_0-\overline{x})^2}{S_{xx}}}\approx 1, \quad t_{\frac{\alpha}{2}}(n-2)\approx z_{\frac{\alpha}{2}},$$
此时 y_0 的置信度为 $1-\alpha$ 的置信区间近似为
$$(\hat{y}_0-\hat{\sigma}z_{\frac{\alpha}{2}},\hat{y}_0+\hat{\sigma}z_{\frac{\alpha}{2}}).$$

至于控制问题,是指预先指定 y 的观测值必须落在某个区间 (y_1,y_2) 内,求 x 的变化范围.这是与预测相反的问题,限于篇幅,这里就不详细讨论了.

四、非线性回归的线性化处理

在实际问题中,变量之间的相关关系不一定都是线性的,因而不能用线性回归方程来描述它们之间的相关关系.此时,可以通过适当的变量替换,将变量之间的非线性相关关系转化为线性相关关系,再按照线性回归方法进行处理,举例如下.

模型
$$y=a+b\sin x+\varepsilon,\quad \varepsilon\sim N(0,\sigma^2),$$
其中 a,b,σ^2 为与 x 无关的未知参数.令 $t=\sin x$,即可将其变为线性模型
$$y=a+bt+\varepsilon,\quad \varepsilon\sim N(0,\sigma^2).$$

模型
$$y = a + bx + cx^2 + \varepsilon, \quad \varepsilon \sim N(0, \sigma^2),$$
其中 a, b, c, σ^2 为与 x 无关的未知参数. 令 $t_1 = x, t_2 = x^2$, 即可将其变为线性模型
$$y = a + bt_1 + ct_2 + \varepsilon, \quad \varepsilon \sim N(0, \sigma^2).$$
这是多元线性回归模型,将在 §9.2 中讨论.

模型
$$y = a + b\ln x + \varepsilon, \quad \varepsilon \sim N(0, \sigma^2),$$
其中 a, b, σ^2 为与 x 无关的未知参数. 令 $t = \ln x$, 即可将其变为线性模型
$$y = a + bt + \varepsilon, \quad \varepsilon \sim N(0, \sigma^2).$$

模型
$$\frac{1}{y} = a + \frac{b}{x} + \varepsilon, \quad \varepsilon \sim N(0, \sigma^2),$$
其中 a, b, σ^2 为与 x 无关的未知参数. 令 $y' = \frac{1}{y}, x' = \frac{1}{x}$, 即可将其变为线性模型
$$y' = a + bx' + \varepsilon, \quad \varepsilon \sim N(0, \sigma^2).$$

模型
$$y = c e^{bx + \varepsilon} \; (c > 0), \quad \varepsilon \sim N(0, \sigma^2),$$
其中 c, b, σ^2 为与 x 无关的未知参数. 令 $y' = \ln y, x' = x, a = \ln c$, 即可将其变为线性模型
$$y' = a + bx' + \varepsilon, \quad \varepsilon \sim N(0, \sigma^2).$$
$c < 0$ 的情形可以类推.

§9.2　多元线性回归

在实际问题中,因变量 y 有时与多个自变量 $x_1, x_2, \cdots, x_p (p > 1)$ 有关,可建立数学模型
$$y = b_0 + b_1 x_1 + b_2 x_2 + \cdots + b_p x_p + \varepsilon, \quad \varepsilon \sim N(0, \sigma^2), \tag{9-15}$$
其中 $b_0, b_1, b_2, \cdots, b_p, \sigma^2$ 为与 $x_1, x_2, \cdots, x_p$ 无关的未知参数. 式(9-15)称为**多元线性回归模型**.

设 $(x_{11}, x_{12}, \cdots, x_{1p}, y_1), (x_{21}, x_{22}, \cdots, x_{2p}, y_2), \cdots, (x_{n1}, x_{n2}, \cdots, x_{np}, y_n)$ 为一个样本,则有

陈希孺与线性
回归大样本理论

$$\begin{cases} y_1 = b_0 + b_1 x_{11} + b_2 x_{12} + \cdots + b_p x_{1p} + \varepsilon_1, \\ y_2 = b_0 + b_1 x_{21} + b_2 x_{22} + \cdots + b_p x_{2p} + \varepsilon_2, \\ \cdots \cdots \\ y_n = b_0 + b_1 x_{n1} + b_2 x_{n2} + \cdots + b_p x_{np} + \varepsilon_n, \end{cases} \tag{9-16}$$

其中 $\varepsilon_1, \varepsilon_2, \cdots, \varepsilon_n$ 相互独立,且均服从正态分布 $N(0, \sigma^2)$,称式(9-16)为**多元线性回归系统模型**.

方便起见,引入矩阵记号

$$Y=\begin{pmatrix}y_1\\y_2\\\vdots\\y_n\end{pmatrix},\quad X=\begin{pmatrix}1&x_{11}&x_{12}&\cdots&x_{1p}\\1&x_{21}&x_{22}&\cdots&x_{2p}\\\vdots&\vdots&\vdots&&\vdots\\1&x_{n1}&x_{n2}&\cdots&x_{np}\end{pmatrix},\quad B=\begin{pmatrix}b_0\\b_1\\b_2\\\vdots\\b_p\end{pmatrix},\quad \varepsilon=\begin{pmatrix}\varepsilon_1\\\varepsilon_2\\\vdots\\\varepsilon_n\end{pmatrix},$$

则式(9-16)可写成如下矩阵形式:

$$Y=XB+\varepsilon.$$

类似于一元线性回归模型,可以得到多元线性回归模型系数 $b_0,b_1,b_2,\cdots,b_p$ 的最小二乘估计. 为此,引入记号

$$Q=Q(b_0,b_1,b_2,\cdots,b_p)=\sum_{i=1}^n(y_i-b_0-b_1x_{i1}-b_2x_{i2}-\cdots-b_px_{ip})^2,$$

则使 Q 达到最小值的 $\hat{b}_0,\hat{b}_1,\hat{b}_2,\cdots,\hat{b}_p$ 就是 $b_0,b_1,b_2,\cdots,b_p$ 的最小二乘估计.

对 Q 分别求关于 $b_0,b_1,b_2,\cdots,b_p$ 的偏导数,并令它们等于零,得方程组

$$\begin{cases}\dfrac{\partial Q}{\partial b_0}=-2\sum_{i=1}^n(y_i-b_0-b_1x_{i1}-b_2x_{i2}-\cdots-b_px_{ip})=0,\\ \dfrac{\partial Q}{\partial b_j}=-2\sum_{i=1}^n(y_i-b_0-b_1x_{i1}-b_2x_{i2}-\cdots-b_px_{ip})x_{ij}=0,j=1,2,\cdots,p,\end{cases}$$

(9-17)

即

$$\begin{cases}b_0n+b_1\sum_{i=1}^n x_{i1}+b_2\sum_{i=1}^n x_{i2}+\cdots+b_p\sum_{i=1}^n x_{ip}=\sum_{i=1}^n y_i,\\ b_0\sum_{i=1}^n x_{ij}+b_1\sum_{i=1}^n x_{i1}x_{ij}+b_2\sum_{i=1}^n x_{i2}x_{ij}+\cdots+b_p\sum_{i=1}^n x_{ip}x_{ij}=\sum_{i=1}^n x_{ij}y_i,j=1,2,\cdots,p.\end{cases}$$

(9-18)

引用矩阵记号,可得方程组(9-18)的矩阵形式为

$$(X^TX)B=X^TY. \tag{9-19}$$

若 $(X^TX)^{-1}$ 存在,则方程组(9-19)有唯一解

$$\hat{B}=\begin{pmatrix}\hat{b}_0\\\hat{b}_1\\\hat{b}_2\\\vdots\\\hat{b}_p\end{pmatrix}=(X^TX)^{-1}(X^TY). \tag{9-20}$$

称方程 $\hat{y}=\hat{b}_0+\hat{b}_1x_1+\hat{b}_2x_2+\cdots+\hat{b}_px_p$ 为 p **元线性回归方程**.

求出 $b_0, b_1, b_2, \cdots, b_p$ 的最小二乘估计 $\hat{b}_0, \hat{b}_1, \hat{b}_2, \cdots, \hat{b}_p$ 后, 可得 σ^2 的估计为

$$\hat{\sigma}^2 = \frac{\sum_{i=1}^{n}(y_i - \hat{y}_i)^2}{n-p-1} = \frac{\sum_{i=1}^{n}(y_i - \hat{b}_0 - \hat{b}_1 x_{i1} - \hat{b}_2 x_{i2} - \cdots - \hat{b}_p x_{ip})^2}{n-p-1}.$$

可以证明, $\hat{b}_0, \hat{b}_1, \hat{b}_2, \cdots, \hat{b}_p, \hat{\sigma}^2$ 分别是 $b_0, b_1, b_2, \cdots, b_p, \sigma^2$ 的无偏估计.

多元线性回归也有类似于一元线性回归问题中的回归方程的显著性检验问题. 限于篇幅, 这里就不详细介绍了.

§9.3 单因素试验的方差分析

在科学实验和生产过程中, 我们经常会遇到要研究如何提高产品产量和质量的问题, 而影响产品产量和质量的因素有很多. 例如, 工业产品的质量受原料、设备、工艺、人工等因素的影响, 农作物的产量受种子、肥料、土壤、水分、人工等因素的影响. 我们需要通过试验来判断哪些因素对产品的产量及质量有显著的影响. 方差分析就是用来解决这类问题的一种有效方法.

在试验中, 我们将要考察的指标称为**试验指标**, 影响试验指标的条件称为**因素**或**因子**, 因素所处的状态称为该因素的**水平**. 如果在一项试验中只有一个因素在改变, 那么称这样的试验为**单因素试验**; 如果有多于一个因素在改变, 就称为**多因素试验**. 我们仅讨论单因素试验.

一、单因素试验与方差分析模型

为了说明方差分析的基本思想, 先看一个例子.

例 1 为了考察一种人造纤维在不同温度的水中浸泡后的缩水率(单位:%), 在 40 ℃, 50 ℃, ⋯, 90 ℃ 的水中分别进行了 4 次试验, 得到该种纤维在每次试验中的缩水率如表 9-2 所示. 试问: 水的温度对该种纤维的缩水率有无显著影响?

表 9-2

试验序号	温度					
	40 ℃	50 ℃	60 ℃	70 ℃	80 ℃	90 ℃
1	4.3	6.1	10.0	6.5	9.3	9.5
2	7.8	7.3	4.8	8.3	8.7	8.8
3	3.2	4.2	5.4	8.6	7.2	11.4
4	6.5	4.1	9.6	8.2	10.1	7.8

这里,温度为因素,记作 A,6 个不同温度为因素 A 的 6 个水平,记作 $A_1,A_2,\cdots,A_6$. 这项试验为 6 水平单因素试验. 在水平 $A_j(j=1,2,\cdots,6)$ 下,该种纤维的缩水率 X_j 既受因素 A 的影响,又受其他因素(随机因素)的影响,故其为一个随机变量. 假定 $X_j \sim N(\mu_j,\sigma^2)$,在水平 A_j 下的观测值记作 $x_{ij}(i=1,2,3,4;j=1,2,\cdots,6)$. 考察水的温度对该种纤维的缩水率有无显著影响,即检验假设

$$H_0:\mu_1=\mu_2=\cdots=\mu_6;\quad H_1:\mu_1,\mu_2,\cdots,\mu_6 \text{ 不全相等}.$$

单因素试验的**一般数学模型**为:因素 A 有 r 个水平 $A_1,A_2,\cdots,A_r$,对 r 个水平分别进行了 $n_1,n_2,\cdots,n_r$ 次独立试验,用 x_{ij} 表示在 A 的第 j 个水平下的第 i 个观测值,得到如表 9-3 所示的结果.

表 9-3

试验序号	水平					
	A_1	A_2	$\cdots$	A_j	$\cdots$	A_r
1	x_{11}	x_{12}	$\cdots$	x_{1j}		x_{1r}
2	x_{21}	x_{22}	$\cdots$	x_{2j}		x_{2r}
$\vdots$	$\vdots$	$\vdots$		$\vdots$		$\vdots$
i	x_{i1}	x_{i2}	$\cdots$	x_{ij}		x_{ir}
$\vdots$	$\vdots$	$\vdots$		$\vdots$		$\vdots$
n_j	$x_{n_1 1}$	$x_{n_2 2}$	$\cdots$	$x_{n_j j}$		$x_{n_r r}$

每一个水平 $A_j(j=1,2,\cdots,r)$ 下的试验结果是一个随机变量 X_j,我们假定 $X_j \sim N(\mu_j,\sigma^2)$. 方差分析的任务是检验 r 个总体 $X_1,X_2,\cdots,X_r$ 的均值是否相等,即检验假设

$$H_0:\mu_1=\mu_2=\cdots=\mu_r;\quad H_1:\mu_1,\mu_2,\cdots,\mu_r \text{ 不全相等}. \tag{9-21}$$

二、总离差平方和分解

为了便于讨论,记

$$n=n_1+n_2+\cdots+n_r,$$

$$\overline{x}_{\cdot j}=\frac{1}{n_j}\sum_{i=1}^{n_j}x_{ij}(j=1,2,\cdots,r),\quad \overline{x}=\frac{1}{n}\sum_{j=1}^{r}\sum_{i=1}^{n_j}x_{ij},$$

其中 n 表示试验的总次数,$\overline{x}_{\cdot j}$ 表示 A 在第 j 个水平下的样本均值,$\overline{x}$ 表示总的样本均值.

下面从平方和的分解着手,导出假设检验(9-21)的检验统计量.

引入**总离差平方和**:

$$S_T=\sum_{j=1}^{r}\sum_{i=1}^{n_j}(x_{ij}-\overline{x})^2=\sum_{j=1}^{r}\sum_{i=1}^{n_j}[(x_{ij}-\overline{x}_{\cdot j})+(\overline{x}_{\cdot j}-\overline{x})]^2$$

$$=\sum_{j=1}^{r}\sum_{i=1}^{n_j}(x_{ij}-\overline{x}_{\cdot j})^2+2\sum_{j=1}^{r}\sum_{i=1}^{n_j}(x_{ij}-\overline{x}_{\cdot j})(\overline{x}_{\cdot j}-\overline{x})+\sum_{j=1}^{r}\sum_{i=1}^{n_j}(\overline{x}_{\cdot j}-\overline{x})^2,$$

注意到

$$\sum_{j=1}^{r}\sum_{i=1}^{n_j}(x_{ij}-\overline{x}._{j})(\overline{x}._{j}-\overline{x})=\sum_{j=1}^{r}(\overline{x}._{j}-\overline{x})\sum_{i=1}^{n_j}(x_{ij}-\overline{x}._{j})=0,$$

若记

$$S_E=\sum_{j=1}^{r}\sum_{i=1}^{n_j}(x_{ij}-\overline{x}._{j})^2, \quad S_A=\sum_{j=1}^{r}\sum_{i=1}^{n_j}(\overline{x}._{j}-\overline{x})^2,$$

则有

$$S_T=S_E+S_A. \tag{9-22}$$

式(9-22)称为**平方和分解式**,其中 S_E 反映了各水平下数据的随机波动情况,它们之间的差异是由随机误差引起的,称为**误差平方和**(或**组内离差平方和**);S_A 反映了 r 个水平的均值之间的差异大小,它主要是由因素 A 的不同水平而引起的,称为**组间离差平方和**.式(9-22)表明,试验结果的总离差平方和是由组内离差平方和与组间离差平方和两部分组成的.

当原假设 H_0 为真时,由于 $\mu_1=\mu_2=\cdots=\mu_r$,因此组间离差平方和 S_A 相对于组内离差平方和 S_E 的比值不应很大. 若 S_A 比 S_E 显著地大,则说明试验结果的差异主要是由因素的水平变化所引起的. 这就是说,该因素对于试验结果的影响是显著的. 故需要研究与 $\dfrac{S_A}{S_E}$ 有关的统计量.

三、假设检验问题

定理 9.1 当原假设 H_0 为真时,设 $X_{ij}\sim N(\mu,\sigma^2)(i=1,2,\cdots,n_j;j=1,2,\cdots,r)$ 且相互独立,利用抽样分布的有关定理,有

$$\frac{S_T}{\sigma^2}\sim \chi^2(n-1), \tag{9-23}$$

$$\frac{S_E}{\sigma^2}\sim \chi^2(n-r), \tag{9-24}$$

$$\frac{S_A}{\sigma^2}\sim \chi^2(r-1), \tag{9-25}$$

并且 S_A 与 S_E 相互独立.

由定理 9.1,我们选取统计量

$$F=\frac{S_A/(r-1)}{S_E/(n-r)}. \tag{9-26}$$

当原假设 H_0 为真时,可以证明

$$F\sim F(r-1,n-r).$$

对于给定的显著性水平 α,由于

$$P\{F>F_\alpha(r-1,n-r)\}=\alpha, \tag{9-27}$$

因此假设检验(9-21)的拒绝域为

$$F>F_\alpha(r-1,n-r). \tag{9-28}$$

上述分析结果可列成如表 9-4 所示的形式,称为**方差分析表**.

表 9-4

方差来源	平方和	自由度	均方	F 值
因素 A	S_A	$r-1$	$\overline{S}_A = \dfrac{S_A}{r-1}$	$F = \dfrac{\overline{S}_A}{\overline{S}_E}$
误差	S_E	$n-r$	$\overline{S}_E = \dfrac{S_E}{n-r}$	
总和	S_T	$n-1$		

在实际应用中,我们可以按以下简便公式来计算 S_T, S_A 和 S_E:

$$\begin{cases} S_T = \sum_{j=1}^{r}\sum_{i=1}^{n_j} x_{ij}^2 - n\overline{x}^2 = \sum_{j=1}^{r}\sum_{i=1}^{n_j} x_{ij}^2 - \dfrac{1}{n}\left(\sum_{j=1}^{r}\sum_{i=1}^{n_j} x_{ij}\right)^2, \\ S_A = \sum_{j=1}^{r} n_j (\overline{x}_{\cdot j} - \overline{x})^2 = \sum_{j=1}^{r} n_j \overline{x}_{\cdot j}^2 - n\overline{x}^2 = \sum_{j=1}^{r} \dfrac{1}{n_j}\left(\sum_{i=1}^{n_j} x_{ij}\right)^2 - \dfrac{1}{n}\left(\sum_{j=1}^{r}\sum_{i=1}^{n_j} x_{ij}\right)^2, \\ S_E = S_T - S_A. \end{cases}$$

(9-29)

例 2 根据例 1 中的数据,在显著性水平 $\alpha = 0.05, 0.01$ 下检验水的温度对该种纤维的缩水率有无显著影响.

解 根据题意,提出假设

$$H_0: \mu_1 = \mu_2 = \cdots = \mu_6; \quad H_1: \mu_1, \mu_2, \cdots, \mu_6 \text{ 不全相等}.$$

由表 9-2 中的数据可得

$$r = 6, \quad n_1 = n_2 = \cdots = n_6 = 4, \quad n = 24.$$

$$S_T = \sum_{j=1}^{6}\sum_{i=1}^{4} x_{ij}^2 - \dfrac{1}{24}\left(\sum_{j=1}^{6}\sum_{i=1}^{4} x_{ij}\right)^2 = 112.27,$$

$$S_A = \sum_{j=1}^{6} \dfrac{1}{4}\left(\sum_{i=1}^{4} x_{ij}\right)^2 - \dfrac{1}{24}\left(\sum_{j=1}^{6}\sum_{i=1}^{4} x_{ij}\right)^2 = 56,$$

$$S_E = S_T - S_A = 56.27.$$

把以上结果制成方差分析表,如表 9-5 所示.

表 9-5

方差来源	平方和	自由度	均方	F 值
因素 A	56	5	11.2	3.583
误差	56.27	18	3.126	
总和	112.27	23		

查附表 5 可得

$$F_{0.05}(5,18) = 2.77 < 3.583, \quad F_{0.01}(5,18) = 4.25 > 3.583,$$

故在显著性水平 $\alpha=0.05$ 下拒绝原假设 H_0,即认为水的温度对该种纤维的缩水率有显著影响,而在显著性水平 $\alpha=0.01$ 下接受原假设 H_0,即认为水的温度对该种纤维的缩水率无显著影响.

习题九

1. 某公司为预测其产品的回收率 y,要研究它与原材料的有效成分 x 之间的相关关系,现取得 8 组观测数据 $(x_i,y_i)(i=1,2,\cdots,8)$,计算得

$$\sum_{i=1}^{8} x_i = 52, \quad \sum_{i=1}^{8} y_i = 228,$$

$$\sum_{i=1}^{8} x_i^2 = 478, \quad \sum_{i=1}^{8} y_i^2 = 7\,666, \quad \sum_{i=1}^{8} x_i y_i = 1\,849.$$

(1) 求 y 关于 x 的回归方程;
(2) 检验回归方程的显著性(显著性水平 $\alpha=0.01$).

2. 测量了 9 对父子的身高(单位:in,1 in=2.54 cm),所得数据如表 9-6 所示.
(1) 求儿子身高 y 关于父亲身高 x 的回归方程;
(2) 检验儿子身高 y 与父亲身高 x 之间的线性相关关系是否显著(显著性水平 $\alpha=0.05$);
(3) 若父亲身高为 70 in,求其儿子身高的置信度为 0.95 的置信区间.

表 9-6

父亲身高 x_i	60	62	64	66	67	68	70	72	74
儿子身高 y_i	63.6	65.2	66	66.9	67.1	67.4	68.3	70.1	70

3. 用甲、乙、丙、丁 4 种不同工艺处理了一批零件,从这批零件中分别随机抽取样品,测得它们的某项性能指标如表 9-7 所示.试问:用这 4 种不同工艺处理的零件的该项性能指标是否有显著差异(分别取显著性水平 $\alpha=0.05$ 和 $\alpha=0.01$)?

表 9-7

样品序号	工艺			
	甲	乙	丙	丁
1	1 620	1 580	1 460	1 500
2	1 680	1 600	1 540	1 550
3	1 700	1 640	1 620	1 610
4	1 750	1 720		1 680
5	1 800			

附　　表

附表1　标准正态分布表

$$\Phi(z) = \int_{-\infty}^{z} \frac{1}{\sqrt{2\pi}} e^{-u^2/2} du = P\{Z \leqslant z\}$$

z	0	1	2	3	4	5	6	7	8	9
0.0	0.5000	0.5040	0.5080	0.5120	0.5160	0.5199	0.5239	0.5279	0.5319	0.5359
0.1	0.5398	0.5438	0.5478	0.5517	0.5557	0.5596	0.5636	0.5675	0.5714	0.5753
0.2	0.5793	0.5832	0.5871	0.5910	0.5948	0.5987	0.6026	0.6064	0.6103	0.6141
0.3	0.6179	0.6217	0.6255	0.6293	0.6331	0.6368	0.6406	0.6443	0.6480	0.6517
0.4	0.6554	0.6591	0.6628	0.6664	0.6700	0.6736	0.6772	0.6808	0.6844	0.6879
0.5	0.6915	0.6950	0.6985	0.7019	0.7054	0.7088	0.7123	0.7157	0.7190	0.7224
0.6	0.7257	0.7291	0.7324	0.7357	0.7389	0.7422	0.7454	0.7486	0.7517	0.7549
0.7	0.7580	0.7611	0.7642	0.7673	0.7703	0.7734	0.7764	0.7794	0.7823	0.7852
0.8	0.7881	0.7910	0.7939	0.7967	0.7995	0.8023	0.8051	0.8078	0.8106	0.8133
0.9	0.8159	0.8186	0.8212	0.8238	0.8264	0.8289	0.8315	0.8340	0.8365	0.8389
1.0	0.8413	0.8438	0.8461	0.8485	0.8508	0.8531	0.8554	0.8577	0.8599	0.8621
1.1	0.8643	0.8665	0.8686	0.8708	0.8729	0.8749	0.8770	0.8790	0.8810	0.8830
1.2	0.8849	0.8869	0.8888	0.8907	0.8925	0.8944	0.8962	0.8980	0.8997	0.9015
1.3	0.9032	0.9049	0.9066	0.9082	0.9099	0.9115	0.9131	0.9147	0.9162	0.9177
1.4	0.9192	0.9207	0.9222	0.9236	0.9251	0.9265	0.9278	0.9292	0.9306	0.9319
1.5	0.9332	0.9345	0.9357	0.9370	0.9382	0.9394	0.9406	0.9418	0.9430	0.9441
1.6	0.9452	0.9463	0.9474	0.9484	0.9495	0.9505	0.9515	0.9525	0.9535	0.9545
1.7	0.9554	0.9564	0.9573	0.9582	0.9591	0.9599	0.9608	0.9616	0.9625	0.9633
1.8	0.9641	0.9648	0.9656	0.9664	0.9671	0.9678	0.9686	0.9693	0.9700	0.9706
1.9	0.9713	0.9719	0.9726	0.9732	0.9738	0.9744	0.9750	0.9756	0.9762	0.9767
2.0	0.9772	0.9778	0.9783	0.9788	0.9793	0.9798	0.9803	0.9808	0.9812	0.9817
2.1	0.9821	0.9826	0.9830	0.9834	0.9838	0.9842	0.9846	0.9850	0.9854	0.9857
2.2	0.9861	0.9864	0.9868	0.9871	0.9874	0.9878	0.9881	0.9884	0.9887	0.9890
2.3	0.9893	0.9896	0.9898	0.9901	0.9904	0.9906	0.9909	0.9911	0.9913	0.9916
2.4	0.9918	0.9920	0.9922	0.9925	0.9927	0.9929	0.9931	0.9932	0.9934	0.9936
2.5	0.9938	0.9940	0.9941	0.9943	0.9945	0.9946	0.9948	0.9949	0.9951	0.9952
2.6	0.9953	0.9955	0.9956	0.9957	0.9959	0.9960	0.9961	0.9962	0.9963	0.9964
2.7	0.9965	0.9966	0.9967	0.9968	0.9969	0.9970	0.9971	0.9972	0.9973	0.9974
2.8	0.9974	0.9975	0.9976	0.9977	0.9977	0.9978	0.9979	0.9979	0.9980	0.9981
2.9	0.9981	0.9982	0.9982	0.9983	0.9984	0.9984	0.9985	0.9985	0.9986	0.9986
3	0.99865	0.99903	0.99931	0.99952	0.99966	0.99977	0.99984	0.99989	0.99993	0.99995
4	0.999968	0.999979	0.999987	0.999991	0.999995	0.999997	0.999998	0.999999	0.999999	1.000000

注：表中末两行分别为函数值 $\Phi(3.0), \Phi(3.1), \cdots, \Phi(3.9); \Phi(4.0), \Phi(4.1), \cdots, \Phi(4.9)$.

附表 2　泊松分布表

$$P\{X \geq x\} = 1 - F(x-1) = \sum_{k=x}^{\infty} \frac{\lambda^k e^{-\lambda}}{k!}$$

x	$\lambda = 0.2$	$\lambda = 0.3$	$\lambda = 0.4$	$\lambda = 0.5$	$\lambda = 0.6$
0	1.000 000 0	1.000 000 0	1.000 000 0	1.000 000	1.000 000
1	0.181 269 2	0.259 181 8	0.329 680 0	0.393 469	0.451 188
2	0.017 523 1	0.036 936 3	0.061 551 9	0.090 204	0.121 901
3	0.001 148 5	0.003 599 5	0.007 926 3	0.014 388	0.023 115
4	0.000 056 8	0.000 265 8	0.000 776 3	0.001 752	0.003 358
5	0.000 002 3	0.000 015 8	0.000 061 2	0.000 172	0.000 394
6	0.000 000 1	0.000 000 8	0.000 004 0	0.000 014	0.000 039
7			0.000 000 2	0.000 001	0.000 003

x	$\lambda = 0.7$	$\lambda = 0.8$	$\lambda = 0.9$	$\lambda = 1.0$	$\lambda = 1.2$
0	1.000 000	1.000 000	1.000 000	1.000 000	1.000 000
1	0.503 415	0.550 671	0.593 430	0.632 121	0.698 806
2	0.155 805	0.191 208	0.227 518	0.264 241	0.337 373
3	0.034 142	0.047 423	0.062 857	0.080 301	0.120 513
4	0.005 753	0.009 080	0.013 459	0.018 988	0.033 769
5	0.000 786	0.001 411	0.002 344	0.003 660	0.007 746
6	0.000 090	0.000 184	0.000 343	0.000 594	0.001 500
7	0.000 009	0.000 021	0.000 043	0.000 083	0.000 251
8	0.000 001	0.000 002	0.000 005	0.000 010	0.000 037
9				0.000 001	0.000 005
10					0.000 001

x	$\lambda = 1.4$	$\lambda = 1.6$	$\lambda = 1.8$	$\lambda = 2.0$	$\lambda = 2.5$
0	1.000 000	1.000 000	1.000 000	1.000 000	1.000 000
1	0.753 403	0.798 103	0.834 701	0.864 665	0.917 915
2	0.408 167	0.475 069	0.537 163	0.593 994	0.712 703
3	0.166 502	0.216 642	0.269 379	0.323 324	0.456 187
4	0.053 725	0.078 813	0.108 708	0.142 877	0.242 424
5	0.014 253	0.023 682	0.036 407	0.052 653	0.108 822
6	0.003 201	0.006 040	0.010 378	0.016 564	0.042 021
7	0.000 622	0.001 336	0.002 569	0.004 534	0.014 187
8	0.000 107	0.000 260	0.000 562	0.001 097	0.004 247
9	0.000 016	0.000 045	0.000 110	0.000 237	0.001 140
10	0.000 002	0.000 007	0.000 019	0.000 046	0.000 277
11		0.000 001	0.000 003	0.000 008	0.000 062
12				0.000 001	0.000 013
13					0.000 020

续表

x	$\lambda=3.0$	$\lambda=3.5$	$\lambda=4.0$	$\lambda=4.5$	$\lambda=5.0$
0	1.000 000	1.000 000	1.000 000	1.000 000	1.000 000
1	0.950 213	0.969 803	0.981 684	0.988 891	0.993 262
2	0.800 852	0.864 112	0.908 422	0.938 901	0.959 572
3	0.576 810	0.679 153	0.761 897	0.826 422	0.875 348
4	0.352 768	0.463 367	0.566 530	0.657 704	0.734 974
5	0.184 737	0.274 555	0.371 163	0.467 896	0.559 507
6	0.083 918	0.142 386	0.214 870	0.297 070	0.384 039
7	0.033 509	0.065 288	0.110 674	0.168 949	0.237 817
8	0.011 905	0.026 739	0.051 134	0.086 586	0.133 372
9	0.003 803	0.009 874	0.021 363	0.040 257	0.068 094
10	0.001 102	0.003 315	0.008 132	0.017 093	0.031 828
11	0.000 292	0.001 019	0.002 840	0.006 669	0.013 695
12	0.000 071	0.000 289	0.000 915	0.002 404	0.005 453
13	0.000 016	0.000 076	0.000 274	0.000 805	0.002 019
14	0.000 003	0.000 019	0.000 076	0.000 252	0.000 698
15	0.000 001	0.000 004	0.000 020	0.000 074	0.000 226
16		0.000 001	0.000 005	0.000 020	0.000 069
17			0.000 001	0.000 005	0.000 020
18				0.000 001	0.000 005
19					0.000 001

附表3 t 分布表

$$P\{t(n) > t_\alpha(n)\} = \alpha$$

n	$\alpha = 0.25$	0.10	0.05	0.025	0.01	0.005
1	1.0000	3.0777	6.3138	12.7062	31.8207	63.6574
2	0.8165	1.8856	2.9200	4.3027	6.9646	9.9248
3	0.7649	1.6377	2.3534	3.1824	4.5407	5.8409
4	0.7407	1.5332	2.1318	2.7764	3.7469	4.6041
5	0.7267	1.4759	2.0150	2.5706	3.3649	4.0322
6	0.7176	1.4398	1.9432	2.4469	3.1427	3.7074
7	0.7111	1.4149	1.8946	2.3646	2.9980	3.4995
8	0.7064	1.3968	1.8595	2.3060	2.8965	3.3554
9	0.7027	1.3830	1.8331	2.2622	2.8214	3.2498
10	0.6998	1.3722	1.8125	2.2281	2.7638	3.1693
11	0.6974	1.3634	1.7959	2.2010	2.7181	3.1058
12	0.6955	1.3562	1.7823	2.1788	2.6810	3.0545
13	0.6938	1.3502	1.7709	2.1604	2.6503	3.0123
14	0.6924	1.3450	1.7613	2.1448	2.6245	2.9768
15	0.6912	1.3406	1.7531	2.1315	2.6025	2.9467
16	0.6901	1.3368	1.7459	2.1199	2.5835	2.9208
17	0.6892	1.3334	1.7396	2.1098	2.5669	2.8982
18	0.6884	1.3304	1.7341	2.1009	2.5524	2.8784
19	0.6876	1.3277	1.7291	2.0930	2.5395	2.8609
20	0.6870	1.3253	1.7247	2.0860	2.5280	2.8453
21	0.6864	1.3232	1.7207	2.0796	2.5177	2.8314
22	0.6858	1.3212	1.7171	2.0739	2.5083	2.8188
23	0.6853	1.3195	1.7139	2.0687	2.4999	2.8073
24	0.6848	1.3178	1.7109	2.0639	2.4922	2.7969
25	0.6844	1.3163	1.7081	2.0595	2.4851	2.7874
26	0.6840	1.3150	1.7056	2.0555	2.4786	2.7787
27	0.6837	1.3137	1.7033	2.0518	2.4727	2.7707
28	0.6834	1.3125	1.7011	2.0484	2.4671	2.7633
29	0.6830	1.3114	1.6991	2.0452	2.4620	2.7564
30	0.6828	1.3104	1.6973	2.0423	2.4573	2.7500
31	0.6825	1.3095	1.6955	2.0395	2.4528	2.7440
32	0.6822	1.3086	1.6939	2.0369	2.4487	2.7385
33	0.6820	1.3077	1.6924	2.0345	2.4448	2.7333
34	0.6818	1.3070	1.6909	2.0322	2.4411	2.7284
35	0.6816	1.3062	1.6896	2.0301	2.4377	2.7238
36	0.6814	1.3055	1.6883	2.0281	2.4345	2.7195
37	0.6812	1.3049	1.6871	2.0262	2.4314	2.7154
38	0.6810	1.3042	1.6860	2.0244	2.4286	2.7116
39	0.6808	1.3036	1.6849	2.0227	2.4258	2.7079
40	0.6807	1.3031	1.6839	2.0211	2.4233	2.7045
41	0.6805	1.3025	1.6829	2.0195	2.4208	2.7012
42	0.6804	1.3020	1.6820	2.0181	2.4185	2.6981
43	0.6802	1.3016	1.6811	2.0167	2.4163	2.6951
44	0.6801	1.3011	1.6802	2.0154	2.4141	2.6923
45	0.6800	1.3006	1.6794	2.0141	2.4121	2.6896

附表4 χ^2 分布表

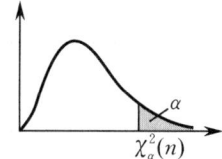

$$P\{\chi^2(n) > \chi^2_\alpha(n)\} = \alpha$$

n	$\alpha=0.995$	0.99	0.975	0.95	0.90	0.75
1	—	—	0.001	0.004	0.016	0.102
2	0.010	0.020	0.051	0.103	0.211	0.575
3	0.072	0.115	0.216	0.352	0.584	1.213
4	0.207	0.297	0.484	0.711	1.064	1.923
5	0.412	0.554	0.831	1.145	1.610	2.675
6	0.676	0.872	1.237	1.635	2.204	3.455
7	0.989	1.239	1.690	2.167	2.833	4.255
8	1.344	1.646	2.180	2.733	3.490	5.071
9	1.735	2.088	2.700	3.325	4.168	5.899
10	2.156	2.558	3.247	3.940	4.865	6.737
11	2.603	3.053	3.816	4.575	5.578	7.584
12	3.074	3.571	4.404	5.226	6.034	8.438
13	3.565	4.107	5.009	5.892	7.042	9.299
14	4.075	4.660	5.629	6.571	7.790	10.165
15	4.601	5.229	6.262	7.261	8.547	11.037
16	5.142	5.812	6.908	7.962	9.312	11.912
17	5.697	6.408	7.564	8.672	10.085	12.792
18	6.265	7.015	8.231	9.390	10.865	13.675
19	6.844	7.633	8.907	10.117	11.651	14.562
20	7.434	8.260	9.591	10.851	12.443	15.452
21	8.034	8.897	10.283	11.591	13.240	16.344
22	8.643	9.542	10.982	12.338	14.042	17.240
23	9.260	10.196	11.689	13.091	14.848	18.137
24	9.886	10.856	12.401	13.848	15.659	19.037
25	10.520	11.524	13.120	14.611	16.473	19.939
26	11.160	12.198	13.844	15.379	17.292	20.843
27	11.808	12.879	14.573	16.151	18.114	21.749
28	12.461	13.565	15.308	16.928	18.939	22.657
29	13.121	14.257	16.047	17.708	19.768	23.567
30	13.787	14.954	16.791	18.493	20.599	24.478
31	14.458	15.655	17.539	19.281	21.434	25.390
32	15.134	16.362	18.291	20.072	22.271	26.304
33	15.815	17.074	19.047	20.867	23.110	27.219
34	16.501	17.789	19.806	21.664	23.952	28.136
35	17.192	18.509	20.569	22.465	24.797	29.054
36	17.887	19.233	21.336	23.269	25.643	29.973
37	18.586	19.960	22.106	24.075	26.492	30.893
38	19.289	20.691	22.878	24.884	27.343	31.815
39	19.996	21.426	23.654	25.695	28.196	32.737
40	20.707	22.164	24.433	26.509	29.051	33.660
41	21.421	22.906	25.215	27.326	29.907	34.585
42	22.138	23.650	25.999	28.144	30.765	35.510
43	22.859	24.398	26.785	28.965	31.625	36.436
44	23.584	25.148	27.575	29.787	32.487	37.363
45	24.311	25.901	28.366	30.612	33.350	38.291

续表

n	α = 0.25	0.10	0.05	0.025	0.01	0.005
1	1.323	2.706	3.841	5.024	6.635	7.879
2	2.773	4.605	5.991	7.378	9.210	10.597
3	4.108	6.251	7.815	9.348	11.345	12.838
4	5.385	7.779	9.488	11.143	13.277	14.860
5	6.626	9.236	11.071	12.833	15.086	16.750
6	7.841	10.645	12.592	14.449	16.812	18.548
7	9.037	12.017	14.067	16.013	18.475	20.278
8	10.219	13.362	15.507	17.535	20.090	21.955
9	11.389	14.684	16.919	19.023	21.666	23.589
10	12.549	15.987	18.307	20.483	23.209	25.188
11	13.701	17.275	19.675	21.920	24.725	26.757
12	14.845	18.549	21.026	23.337	26.217	28.299
13	15.984	19.812	22.362	24.736	27.688	29.819
14	17.117	21.064	23.685	26.119	29.141	31.319
15	18.245	22.307	24.996	27.488	30.578	32.801
16	19.369	23.542	26.296	28.845	32.000	34.267
17	20.489	24.769	27.587	30.191	33.409	35.718
18	21.605	25.989	28.869	31.526	34.805	37.156
19	22.718	27.204	30.144	32.852	36.191	38.582
20	23.828	28.412	31.410	34.170	37.566	39.997
21	24.935	29.615	32.671	35.479	38.932	41.401
22	26.039	30.813	33.924	36.781	40.289	42.796
23	27.141	32.007	35.172	38.076	41.638	44.181
24	28.241	33.196	36.415	39.364	42.980	45.559
25	29.339	34.382	37.652	40.646	44.314	46.928
26	30.435	35.563	38.885	41.923	45.642	48.290
27	31.528	36.741	40.113	43.194	46.963	49.645
28	32.620	37.916	41.337	44.461	48.278	50.993
29	33.711	39.087	42.557	45.722	49.588	52.336
30	34.800	40.256	43.773	46.979	50.892	53.672
31	35.887	41.422	44.985	48.232	52.191	55.003
32	36.973	42.585	46.194	49.480	53.486	56.328
33	38.058	43.745	47.400	50.725	54.776	57.648
34	39.141	44.903	48.602	51.966	56.061	58.964
35	40.223	46.059	49.802	53.203	57.342	60.275
36	41.304	47.212	50.998	54.437	58.619	61.581
37	43.383	48.363	52.192	55.668	59.892	62.883
38	43.462	49.513	53.384	56.896	61.162	64.181
39	44.539	50.660	54.572	58.120	62.428	65.476
40	45.616	51.805	55.758	59.342	63.691	66.766
41	46.692	52.949	56.942	60.561	64.950	68.053
42	47.766	54.090	58.124	61.777	66.206	69.336
43	48.840	55.230	59.304	62.990	67.459	70.616
44	49.913	56.369	60.481	64.201	68.710	71.893
45	50.985	57.505	61.656	65.410	69.957	73.166

附表 5 F 分布表

$$P\{F(n_1,n_2)>F_\alpha(n_1,n_2)\}=\alpha$$

$\alpha=0.10$

n_2 \ n_1	1	2	3	4	5	6	7	8	9	10	12	15	20	24	30	40	60	120	∞
1	39.86	49.50	53.59	55.83	57.24	58.20	58.91	59.44	59.86	60.19	60.71	61.22	61.74	62.00	62.26	62.53	62.79	63.06	63.33
2	8.53	9.00	9.16	9.24	9.29	9.33	9.35	9.37	9.38	9.39	9.41	9.42	9.44	9.45	9.46	9.47	9.47	9.48	9.49
3	5.54	5.46	5.39	5.34	5.31	5.28	5.27	5.25	5.24	5.23	5.22	5.20	5.18	5.18	5.17	5.16	5.15	5.14	5.13
4	4.54	4.32	4.19	4.11	4.05	4.01	3.98	3.95	3.94	3.92	3.90	3.87	3.84	3.83	3.82	3.80	3.79	3.78	3.76
5	4.06	3.78	3.62	3.52	3.45	3.40	3.37	3.34	3.32	3.30	3.27	3.24	3.21	3.19	3.17	3.16	3.14	3.12	3.10
6	3.78	3.46	3.29	3.18	3.11	3.05	3.01	2.98	2.96	2.94	2.90	2.87	2.84	2.82	2.80	2.78	2.76	2.74	2.72
7	3.59	3.26	3.07	2.96	2.88	2.83	2.78	2.75	2.72	2.70	2.67	2.63	2.59	2.58	2.56	2.54	2.51	2.49	2.47
8	3.46	3.11	2.92	2.81	2.73	2.67	2.62	2.59	2.56	2.54	2.50	2.46	2.42	2.40	2.38	2.36	2.34	2.32	2.29
9	3.36	3.01	2.81	2.69	2.61	2.55	2.51	2.47	2.44	2.42	2.38	2.34	2.30	2.28	2.25	2.23	2.21	2.18	2.16
10	3.29	2.92	2.73	2.61	2.52	2.46	2.41	2.38	2.35	2.32	2.28	2.24	2.20	2.18	2.16	2.13	2.11	2.08	2.06
11	3.23	2.86	2.66	2.54	2.45	2.39	2.34	2.30	2.27	2.25	2.21	2.17	2.12	2.10	2.08	2.05	2.03	2.00	1.97
12	3.18	2.81	2.61	2.48	2.39	2.33	2.28	2.24	2.21	2.19	2.15	2.10	2.06	2.04	2.01	1.99	1.96	1.93	1.90
13	3.14	2.76	2.56	2.43	2.35	2.28	2.23	2.20	2.16	2.14	2.10	2.05	2.01	1.98	1.96	1.93	1.90	1.88	1.85
14	3.10	2.73	2.52	2.39	2.31	2.24	2.19	2.15	2.12	2.10	2.05	2.01	1.96	1.94	1.91	1.89	1.86	1.83	1.80
15	3.07	2.70	2.49	2.36	2.27	2.21	2.16	2.12	2.09	2.06	2.02	1.97	1.92	1.90	1.87	1.85	1.82	1.79	1.76
16	3.05	2.67	2.46	2.33	2.24	2.18	2.13	2.09	2.06	2.03	1.99	1.94	1.89	1.87	1.84	1.81	1.78	1.75	1.72
17	3.03	2.64	2.44	2.31	2.22	2.15	2.10	2.06	2.03	2.00	1.96	1.91	1.86	1.84	1.81	1.78	1.75	1.72	1.69
18	3.01	2.62	2.42	2.29	2.20	2.13	2.08	2.04	2.00	1.98	1.93	1.89	1.84	1.81	1.78	1.75	1.72	1.69	1.66
19	2.99	2.61	2.40	2.27	2.18	2.11	2.06	2.02	1.98	1.96	1.91	1.86	1.81	1.79	1.76	1.73	1.70	1.67	1.63

续表

n_2	n_1																
	1	2	3	4	5	6	7	8	9	10	12	15	20	24	30	40	60	120	∞
20	2.97	2.59	2.38	2.25	2.16	2.09	2.04	2.00	1.96	1.94	1.89	1.84	1.79	1.77	1.74	1.71	1.68	1.64	1.61
21	2.96	2.57	2.36	2.23	2.14	2.08	2.02	1.98	1.95	1.92	1.87	1.83	1.78	1.75	1.72	1.69	1.66	1.62	1.59
22	2.95	2.56	2.35	2.22	2.13	2.06	2.01	1.97	1.93	1.90	1.86	1.81	1.76	1.73	1.70	1.67	1.64	1.60	1.57
23	2.94	2.55	2.34	2.21	2.11	2.05	1.99	1.95	1.92	1.89	1.84	1.80	1.74	1.72	1.69	1.66	1.62	1.59	1.55
24	2.93	2.54	2.33	2.19	2.10	2.04	1.98	1.94	1.91	1.88	1.83	1.78	1.73	1.70	1.67	1.64	1.61	1.57	1.53
25	2.92	2.53	2.32	2.18	2.09	2.02	1.97	1.93	1.89	1.87	1.82	1.77	1.72	1.69	1.66	1.63	1.59	1.56	1.52
26	2.91	2.52	2.31	2.17	2.08	2.01	1.96	1.92	1.88	1.86	1.81	1.76	1.71	1.68	1.65	1.61	1.58	1.54	1.50
27	2.90	2.51	2.30	2.17	2.07	2.00	1.95	1.91	1.87	1.85	1.80	1.75	1.70	1.67	1.64	1.60	1.57	1.53	1.49
28	2.89	2.50	2.29	2.16	2.06	2.00	1.94	1.90	1.87	1.84	1.79	1.74	1.69	1.66	1.63	1.59	1.56	1.52	1.48
29	2.89	2.50	2.28	2.15	2.06	1.99	1.93	1.89	1.86	1.83	1.78	1.73	1.68	1.65	1.62	1.58	1.55	1.51	1.47
30	2.88	2.49	2.28	2.14	2.05	1.98	1.93	1.88	1.85	1.82	1.77	1.72	1.67	1.64	1.61	1.57	1.54	1.50	1.46
40	2.84	2.44	2.23	2.09	2.00	1.93	1.87	1.83	1.79	1.76	1.71	1.66	1.61	1.57	1.54	1.51	1.47	1.42	1.38
60	2.79	2.39	2.18	2.04	1.95	1.87	1.82	1.77	1.74	1.71	1.66	1.60	1.54	1.51	1.48	1.44	1.40	1.35	1.29
120	2.75	2.35	2.13	1.99	1.90	1.82	1.77	1.72	1.68	1.65	1.60	1.55	1.48	1.45	1.41	1.37	1.32	1.26	1.19
∞	2.71	2.30	2.08	1.94	1.85	1.77	1.72	1.67	1.63	1.60	1.55	1.49	1.42	1.38	1.34	1.30	1.24	1.17	1.00

续表

$\alpha = 0.05$

n_2	n_1																		
	1	2	3	4	5	6	7	8	9	10	12	15	20	24	30	40	60	120	∞
1	161.4	199.5	215.7	224.6	230.2	234.0	236.8	238.9	240.5	241.9	243.9	245.9	248.0	249.1	250.1	251.1	252.2	253.3	254.3
2	18.51	19.00	19.16	19.25	19.30	19.33	19.35	19.37	19.38	19.40	19.41	19.43	19.45	19.45	19.46	19.47	19.48	19.49	19.50
3	10.13	9.55	9.28	9.12	9.01	8.94	8.89	8.85	8.81	8.79	8.74	8.70	8.66	8.64	8.62	8.59	8.57	8.55	8.53
4	7.71	6.94	6.59	6.39	6.26	6.16	6.09	6.04	6.00	5.96	5.91	5.86	5.80	5.77	5.75	5.72	5.69	5.66	5.63
5	6.61	5.79	5.41	5.19	5.05	4.95	4.88	4.82	4.77	4.74	4.68	4.62	4.56	4.53	4.50	4.46	4.43	4.40	4.36
6	5.99	5.14	4.76	4.53	4.39	4.28	4.21	4.15	4.10	4.06	4.00	3.94	3.87	3.84	3.81	3.77	3.74	3.70	3.67
7	5.59	4.74	4.35	4.12	3.97	3.87	3.79	3.73	3.68	3.64	3.57	3.51	3.44	3.41	3.38	3.34	3.30	3.27	3.23
8	5.32	4.46	4.07	3.84	3.69	3.58	3.50	3.44	3.39	3.35	3.28	3.22	3.15	3.12	3.08	3.04	3.01	2.97	2.93
9	5.12	4.26	3.86	3.63	3.48	3.37	3.29	3.23	3.18	3.14	3.07	3.01	2.94	2.90	2.86	2.83	2.79	2.75	2.71
10	4.96	4.10	3.71	3.48	3.33	3.22	3.14	3.07	3.02	2.98	2.91	2.85	2.77	2.74	2.70	2.66	2.62	2.58	2.54
11	4.84	3.98	3.59	3.36	3.20	3.09	3.01	2.95	2.90	2.85	2.79	2.72	2.65	2.61	2.57	2.53	2.49	2.45	2.40
12	4.75	3.89	3.49	3.26	3.11	3.00	2.91	2.85	2.80	2.75	2.69	2.62	2.54	2.51	2.47	2.43	2.38	2.34	2.30
13	4.67	3.81	3.41	3.18	3.03	2.92	2.83	2.77	2.71	2.67	2.60	2.53	2.46	2.42	2.38	2.34	2.30	2.25	2.21
14	4.60	3.74	3.34	3.11	2.96	2.85	2.76	2.70	2.65	2.60	2.53	2.46	2.39	2.35	2.31	2.27	2.22	2.18	2.13
15	4.54	3.68	3.29	3.06	2.90	2.79	2.71	2.64	2.59	2.54	2.48	2.40	2.33	2.29	2.25	2.20	2.16	2.11	2.07
16	4.49	3.63	3.24	3.01	2.85	2.74	2.66	2.59	2.54	2.49	2.42	2.35	2.28	2.24	2.19	2.15	2.11	2.06	2.01
17	4.45	3.59	3.20	2.96	2.81	2.70	2.61	2.55	2.49	2.45	2.38	2.31	2.23	2.19	2.15	2.10	2.06	2.01	1.96
18	4.41	3.55	3.16	2.93	2.77	2.66	2.58	2.51	2.46	2.41	2.34	2.27	2.19	2.15	2.11	2.06	2.02	1.97	1.92
19	4.38	3.52	3.13	2.90	2.74	2.63	2.54	2.48	2.42	2.38	2.31	2.23	2.16	2.11	2.07	2.03	1.98	1.93	1.88
20	4.35	3.49	3.10	2.87	2.71	2.60	2.51	2.45	2.39	2.35	2.28	2.20	2.12	2.08	2.04	1.99	1.95	1.90	1.84
21	4.32	3.47	3.07	2.84	2.68	2.57	2.49	2.42	2.37	2.32	2.25	2.18	2.10	2.05	2.01	1.96	1.92	1.87	1.81
22	4.30	3.44	3.05	2.82	2.66	2.55	2.46	2.40	2.34	2.30	2.23	2.15	2.07	2.03	1.98	1.94	1.89	1.84	1.78
23	4.28	3.42	3.03	2.80	2.64	2.53	2.44	2.37	2.32	2.27	2.20	2.13	2.05	2.01	1.96	1.91	1.86	1.81	1.76
24	4.26	3.40	3.01	2.78	2.62	2.51	2.42	2.36	2.30	2.25	2.18	2.11	2.03	1.98	1.94	1.89	1.84	1.79	1.73

续表

n_2	n_1																
	1	2	3	4	5	6	7	8	9	10	12	15	20	24	30	40	60	120	∞
25	4.24	3.39	2.99	2.76	2.60	2.49	2.40	2.34	2.28	2.24	2.16	2.09	2.01	1.96	1.92	1.87	1.82	1.77	1.71
26	4.23	3.37	2.98	2.74	2.59	2.47	2.39	2.32	2.27	2.22	2.15	2.07	1.99	1.95	1.90	1.85	1.80	1.75	1.69
27	4.21	3.35	2.96	2.73	2.57	2.46	2.37	2.31	2.25	2.20	2.13	2.06	1.97	1.93	1.88	1.84	1.79	1.73	1.67
28	4.20	3.34	2.95	2.71	2.56	2.45	2.36	2.29	2.24	2.19	2.12	2.04	1.96	1.91	1.87	1.82	1.77	1.71	1.65
29	4.18	3.33	2.93	2.70	2.55	2.43	2.35	2.28	2.22	2.18	2.10	2.03	1.94	1.90	1.85	1.81	1.75	1.70	1.64
30	4.17	3.32	2.92	2.69	2.53	2.42	2.33	2.27	2.21	2.16	2.09	2.01	1.93	1.89	1.84	1.79	1.74	1.68	1.62
40	4.08	3.23	2.84	2.61	2.45	2.34	2.25	2.18	2.12	2.08	2.00	1.92	1.84	1.79	1.74	1.69	1.64	1.58	1.51
60	4.00	3.15	2.76	2.53	2.37	2.25	2.17	2.10	2.04	1.99	1.92	1.84	1.75	1.70	1.65	1.59	1.53	1.47	1.39
120	3.92	3.07	2.68	2.45	2.29	2.17	2.09	2.02	1.96	1.91	1.83	1.75	1.66	1.61	1.55	1.50	1.43	1.35	1.25
∞	3.84	3.00	2.60	2.37	2.21	2.10	2.01	1.94	1.88	1.83	1.75	1.67	1.57	1.52	1.46	1.39	1.32	1.22	1.00

续表

$\alpha = 0.025$

n_2	n_1																	
	1	2	3	4	5	6	7	8	9	10	12	15	20	24	30	40	60	120	∞
1	647.8	799.5	864.2	899.6	921.8	937.1	948.2	956.7	963.3	368.6	976.7	984.9	993.1	997.2	1 001	1 006	1 010	1 014	1 018
2	38.51	39.00	39.17	39.25	39.30	39.33	39.36	39.37	39.39	39.40	39.41	39.43	39.45	39.46	39.46	39.47	39.48	39.49	39.50
3	17.44	16.04	15.44	15.10	14.88	14.73	14.62	14.54	14.47	14.42	14.34	14.25	14.17	14.12	14.08	14.04	13.99	13.95	13.90
4	12.22	10.65	9.98	9.60	9.36	9.20	9.07	8.98	8.90	8.84	8.75	8.66	8.56	8.51	8.46	8.41	8.36	8.31	8.26
5	10.01	8.43	7.76	7.39	7.15	6.98	6.85	6.76	6.68	6.62	6.52	6.43	6.33	6.28	6.23	6.18	6.12	6.07	6.02
6	8.81	7.26	6.60	6.23	5.99	5.82	5.70	5.60	5.52	5.46	5.37	5.27	5.17	5.12	5.07	5.01	4.96	4.90	4.85
7	8.07	6.54	5.89	5.52	5.29	5.12	4.99	4.90	4.82	4.76	4.67	4.57	4.47	4.42	4.36	4.31	4.25	4.20	4.14
8	7.57	6.06	5.42	5.05	4.82	4.65	4.53	4.43	4.36	4.30	4.20	4.10	4.00	3.95	3.89	3.84	3.78	3.73	3.67
9	7.21	5.71	5.08	4.72	4.48	4.32	4.20	4.10	4.03	3.96	3.87	3.77	3.67	3.61	3.56	3.51	3.45	3.39	3.33
10	6.94	5.46	4.83	4.47	4.24	4.07	3.95	3.85	3.78	3.72	3.62	3.52	3.42	3.37	3.31	3.26	3.20	3.14	3.08
11	6.72	5.26	4.63	4.28	4.04	3.88	3.76	3.66	3.59	3.53	3.43	3.33	3.23	3.17	3.12	3.06	3.00	2.94	2.88
12	6.55	5.10	4.47	4.12	3.89	3.73	3.61	3.51	3.44	3.37	3.28	3.18	3.07	3.02	2.96	2.91	2.85	2.79	2.72
13	6.41	4.97	4.35	4.00	3.77	3.60	3.48	3.39	3.31	3.25	3.15	3.05	2.95	2.89	2.84	2.78	2.72	2.66	2.60
14	6.30	4.86	4.24	3.89	3.66	3.50	3.38	3.29	3.21	3.15	3.05	2.95	2.84	2.79	2.73	2.67	2.61	2.55	2.49
15	6.20	4.77	4.15	3.80	3.58	3.41	3.29	3.20	3.12	3.06	2.96	2.86	2.76	2.70	2.64	2.59	2.52	2.46	2.40
16	6.12	4.69	4.08	3.73	3.50	3.34	3.22	3.12	3.05	2.99	2.89	2.79	2.68	2.63	2.57	2.51	2.45	2.38	2.32
17	6.04	4.62	4.01	3.66	3.44	3.28	3.16	3.06	2.98	2.92	2.82	2.72	2.62	2.56	2.50	2.44	2.38	2.32	2.25
18	5.98	4.56	3.95	3.61	3.38	3.22	3.10	3.01	2.93	2.87	2.77	2.67	2.56	2.50	2.44	2.38	2.32	2.26	2.19
19	5.92	4.51	3.90	3.56	3.33	3.17	3.05	2.96	2.88	2.82	2.72	2.62	2.51	2.45	2.39	2.33	2.27	2.20	2.13
20	5.87	4.46	3.86	3.51	3.29	3.13	3.01	2.91	2.84	2.77	2.68	2.57	2.46	2.41	2.35	2.29	2.22	2.16	2.09
21	5.83	4.42	3.82	3.48	3.25	3.09	2.97	2.87	2.80	2.73	2.64	2.53	2.42	2.37	2.31	2.25	2.18	2.11	2.04
22	5.79	4.38	3.78	3.44	3.22	3.05	2.93	2.84	2.76	2.70	2.60	2.50	2.39	2.33	2.27	2.21	2.14	2.08	2.00
23	5.75	4.35	3.75	3.41	3.18	3.02	2.90	2.81	2.73	2.67	2.57	2.47	2.36	2.30	2.24	2.18	2.11	2.04	1.97
24	5.72	4.32	3.72	3.38	3.15	2.99	2.87	2.78	2.70	2.64	2.54	2.44	2.33	2.27	2.21	2.15	2.08	2.01	1.94

续表

n_2	n_1																
	1	2	3	4	5	6	7	8	9	10	12	15	20	24	30	40	60	120	∞
25	5.69	4.29	3.69	3.35	3.13	2.97	2.85	2.75	2.68	2.61	2.51	2.41	2.30	2.24	2.18	2.12	2.05	1.98	1.91
26	5.66	4.27	3.67	3.33	3.10	2.94	2.82	2.73	2.65	2.59	2.49	2.39	2.28	2.22	2.16	2.09	2.03	1.95	1.88
27	5.63	4.24	3.65	3.31	3.08	2.92	2.80	2.71	2.63	2.57	2.47	2.36	2.25	2.19	2.13	2.07	2.00	1.93	1.85
28	5.61	4.22	3.63	3.29	3.06	2.90	2.78	2.69	2.61	2.55	2.45	2.34	2.23	2.17	2.11	2.05	1.98	1.91	1.83
29	5.59	4.20	3.61	3.27	3.04	2.88	2.76	2.67	2.59	2.53	2.43	2.32	2.21	2.15	2.09	2.03	1.96	1.89	1.81
30	5.57	4.18	3.59	3.25	3.03	2.87	2.75	2.65	2.57	2.51	2.41	2.31	2.20	2.14	2.07	2.01	1.94	1.87	1.79
40	5.42	4.05	3.46	3.13	2.90	2.74	2.62	2.53	2.45	2.39	2.29	2.18	2.07	2.01	1.94	1.88	1.80	1.72	1.64
60	5.29	3.93	3.34	3.01	2.79	2.63	2.51	2.41	2.33	2.27	2.17	2.06	1.94	1.88	1.82	1.74	1.67	1.58	1.48
120	5.15	3.80	3.23	2.89	2.67	2.52	2.39	2.30	2.22	2.16	2.05	1.94	1.82	1.76	1.69	1.61	1.53	1.43	1.31
∞	5.02	3.69	3.12	2.79	2.57	2.41	2.29	2.19	2.11	2.05	1.94	1.83	1.71	1.64	1.57	1.48	1.39	1.27	1.00

续表

$\alpha = 0.01$

n_2 \ n_1	1	2	3	4	5	6	7	8	9	10	12	15	20	24	30	40	60	120	∞
1	4 052	4 999.5	5 403	5 625	5 764	5 859	5 928	5 982	6 022	6 056	6 106	6 157	6 209	6 235	6 261	6 287	6 313	6 339	6 366
2	98.50	99.00	99.17	99.25	99.30	99.33	99.36	99.37	99.39	99.40	99.42	99.43	99.45	99.46	99.47	99.47	99.48	99.49	99.50
3	34.12	30.82	29.46	28.71	28.24	27.91	27.67	27.49	27.35	27.23	27.05	26.87	26.69	26.60	26.50	26.41	26.32	26.22	26.13
4	21.20	18.00	16.69	15.98	15.52	15.21	14.98	14.80	14.66	14.55	14.37	14.20	14.02	13.93	13.84	13.75	13.65	13.56	13.46
5	16.26	13.27	12.06	11.39	10.97	10.67	10.46	10.29	10.16	10.05	9.89	9.72	9.55	9.47	9.38	9.29	9.20	9.11	9.02
6	13.75	10.92	9.78	9.15	8.75	8.47	8.26	8.10	7.98	7.87	7.72	7.56	7.40	7.31	7.23	7.14	7.06	6.97	6.88
7	12.25	9.55	8.45	7.85	7.46	7.19	6.99	6.84	6.72	6.62	6.47	6.31	6.16	6.07	5.99	5.91	5.82	5.74	5.65
8	11.26	8.65	7.59	7.01	6.63	6.37	6.18	6.03	5.91	5.81	5.67	5.52	5.36	5.28	5.20	5.12	5.03	4.95	4.86
9	10.56	8.02	6.99	6.42	6.06	5.80	5.61	5.47	5.35	5.26	5.11	4.96	4.81	4.73	4.65	4.57	4.48	4.40	4.31
10	10.04	7.56	6.55	5.99	5.64	5.39	5.20	5.06	4.94	4.85	4.71	4.56	4.41	4.33	4.25	4.17	4.08	4.00	3.91
11	9.65	7.21	6.22	5.67	5.32	5.07	4.89	4.74	4.63	4.54	4.40	4.25	4.10	4.02	3.94	3.86	3.78	3.69	3.60
12	9.33	6.93	5.95	5.41	5.06	4.82	4.64	4.50	4.39	4.30	4.16	4.01	3.86	3.78	3.70	3.62	3.54	3.45	3.36
13	9.07	6.70	5.74	5.21	4.86	4.62	4.44	4.30	4.19	4.10	3.96	3.82	3.66	3.59	3.51	3.43	3.34	3.25	3.17
14	8.86	6.51	5.56	5.04	4.69	4.46	4.28	4.14	4.03	3.94	3.80	3.66	3.51	3.43	3.35	3.27	3.18	3.09	3.00
15	8.68	6.36	5.42	4.89	4.56	4.32	4.14	4.00	3.89	3.80	3.67	3.52	3.37	3.29	3.21	3.13	3.05	2.96	2.87
16	8.53	6.23	5.29	4.77	4.44	4.20	4.03	3.89	3.78	3.69	3.55	3.41	3.26	3.18	3.10	3.02	2.93	2.84	2.75
17	8.40	6.11	5.18	4.67	4.34	4.10	3.93	3.79	3.68	3.59	3.46	3.31	3.16	3.08	3.00	2.92	2.83	2.75	2.65
18	8.29	6.01	5.09	4.58	4.25	4.01	3.84	3.71	3.60	3.51	3.37	3.23	3.08	3.00	2.92	2.84	2.75	2.66	2.57
19	8.18	5.93	5.01	4.50	4.17	3.94	3.77	3.63	3.52	3.43	3.30	3.15	3.00	2.92	2.84	2.76	2.67	2.58	2.49
20	8.10	5.85	4.94	4.43	4.10	3.87	3.70	3.56	3.46	3.37	3.23	3.09	2.94	2.86	2.78	2.69	2.61	2.52	2.42
21	8.02	5.78	4.87	4.37	4.04	3.81	3.64	3.51	3.40	3.31	3.17	3.03	2.88	2.80	2.72	2.64	2.55	2.46	2.36
22	7.95	5.72	4.82	4.31	3.99	3.76	3.59	3.45	3.35	3.26	3.12	2.98	2.83	2.75	2.67	2.58	2.50	2.40	2.31
23	7.88	5.66	4.76	4.26	3.94	3.71	3.54	3.41	3.30	3.21	3.07	2.93	2.78	2.70	2.62	2.54	2.45	2.35	2.26
24	7.82	5.61	4.72	4.22	3.90	3.67	3.50	3.36	3.26	3.17	3.03	2.89	2.74	2.66	2.58	2.49	2.40	2.31	2.21

续表

n_2	\\ n_1	1	2	3	4	5	6	7	8	9	10	12	15	20	24	30	40	60	120	∞
25		7.77	5.57	4.68	4.18	3.85	3.63	3.46	3.32	3.22	3.13	2.99	2.85	2.70	2.62	2.54	2.45	2.36	2.27	2.17
26		7.72	5.53	4.64	4.14	3.82	3.59	3.42	3.29	3.18	3.09	2.96	2.81	2.66	2.58	2.50	2.42	2.33	2.23	2.13
27		7.68	5.49	4.60	4.11	3.78	3.56	3.39	3.26	3.15	3.06	2.93	2.78	2.63	2.55	2.47	2.38	2.29	2.20	2.10
28		7.64	5.45	4.57	4.07	3.75	3.53	3.36	3.23	3.12	3.03	2.90	2.75	2.60	2.52	2.44	2.35	2.26	2.17	2.06
29		7.60	5.42	4.54	4.04	3.73	3.50	3.33	3.20	3.09	3.00	2.87	2.73	2.57	2.49	2.41	2.33	2.23	2.14	2.03
30		7.56	5.39	4.51	4.02	3.70	3.47	3.30	3.17	3.07	2.98	2.84	2.70	2.55	2.47	2.39	2.30	2.21	2.11	2.01
40		7.31	5.18	4.31	3.83	3.51	3.29	3.12	2.99	2.89	2.80	2.66	2.52	2.37	2.29	2.20	2.11	2.02	1.92	1.80
60		7.08	4.98	4.13	3.65	3.34	3.12	2.95	2.82	2.72	2.63	2.50	2.35	2.20	2.12	2.03	1.94	1.84	1.73	1.60
120		6.85	4.79	3.95	3.48	3.17	2.96	2.79	2.66	2.56	2.47	2.34	2.19	2.03	1.95	1.86	1.76	1.66	1.53	1.38
∞		6.63	4.61	3.78	3.32	3.02	2.80	2.64	2.51	2.41	2.32	2.18	2.04	1.88	1.79	1.70	1.59	1.47	1.32	1.00

续表

$\alpha = 0.005$

n_2	n_1 1	2	3	4	5	6	7	8	9	10	12	15	20	24	30	40	60	120	∞
1	16 211	20 000	21 615	22 500	23 056	23 437	23 715	23 925	24 091	24 224	24 426	24 630	24 836	24 940	25 044	25 148	25 253	25 359	25 465
2	198.5	199.0	199.2	199.2	199.3	199.3	199.4	199.4	199.4	199.4	199.4	199.4	199.4	199.5	199.5	199.5	199.5	199.5	199.5
3	55.55	49.80	47.47	46.19	45.39	44.84	44.43	44.13	43.88	43.69	43.39	43.08	42.78	42.62	42.47	42.31	42.15	41.99	41.83
4	31.33	26.28	24.26	23.15	22.46	21.97	21.62	21.35	21.14	20.97	20.70	20.44	20.17	20.03	19.89	19.75	19.61	19.47	19.32
5	22.78	18.31	16.53	15.56	14.94	14.51	14.20	13.96	13.77	13.62	13.38	13.15	12.90	12.78	12.66	12.53	12.40	12.27	12.14
6	18.63	14.54	12.92	12.03	11.46	11.07	10.79	10.57	10.39	10.25	10.03	9.81	9.59	9.47	9.36	9.24	9.12	9.00	8.88
7	16.24	12.40	10.88	10.05	9.52	9.16	8.89	8.68	8.51	8.38	8.18	7.97	7.75	7.56	7.53	7.42	7.31	7.19	7.08
8	14.69	11.04	9.60	8.81	8.30	7.95	7.69	7.50	7.34	7.21	7.01	6.81	6.61	6.50	6.40	6.29	6.18	6.06	5.95
9	13.61	10.11	8.72	7.96	7.47	7.13	6.88	6.69	6.54	6.42	6.23	6.03	5.83	5.73	5.62	5.52	5.41	5.30	5.19
10	12.83	9.43	8.08	7.34	6.87	6.54	6.30	6.12	5.97	5.85	5.66	5.47	5.27	5.17	5.07	4.97	4.86	4.75	4.64
11	12.23	8.91	7.60	6.88	6.42	6.10	5.86	5.68	5.54	5.42	5.24	5.05	4.86	4.76	4.65	4.55	4.44	4.34	4.23
12	11.75	8.51	7.23	6.52	6.07	5.76	5.52	5.35	5.20	5.09	4.91	4.72	4.53	4.43	4.33	4.23	4.12	4.01	3.90
13	11.37	8.19	6.93	6.23	5.79	5.48	5.25	5.08	4.94	4.82	4.64	4.46	4.27	4.17	4.07	3.97	3.87	3.76	3.65
14	11.06	7.92	6.68	6.00	5.56	5.26	5.03	4.86	4.72	4.60	4.43	4.25	4.06	3.96	3.86	3.76	3.66	3.55	3.44
15	10.80	7.70	6.48	5.80	5.37	5.07	4.85	4.67	4.54	4.42	4.25	4.07	3.88	3.79	3.69	3.58	3.48	3.37	3.26
16	10.58	7.51	6.30	5.64	5.21	4.91	4.69	4.52	4.38	4.27	4.10	3.92	3.73	3.64	3.54	3.44	3.33	3.22	3.11
17	10.38	7.35	6.16	5.50	5.07	4.78	4.56	4.39	4.25	4.14	3.97	3.79	3.61	3.51	3.41	3.31	3.21	3.10	2.98
18	10.22	7.21	6.03	5.37	4.96	4.66	4.44	4.28	4.14	4.03	3.86	3.68	3.50	3.40	3.30	3.20	3.10	2.99	2.87
19	10.07	7.09	5.92	5.27	4.85	4.56	4.34	4.18	4.04	3.93	3.76	3.59	3.40	3.31	3.21	3.11	3.00	2.89	2.78
20	9.94	6.99	5.82	5.17	4.76	4.47	4.26	4.09	3.96	3.85	3.68	3.50	3.32	3.22	3.12	3.02	2.92	2.81	2.69
21	9.83	6.89	5.73	5.09	4.68	4.39	4.18	4.01	3.88	3.77	3.60	3.43	3.24	3.15	3.05	2.95	2.84	2.73	2.61
22	9.73	6.81	5.65	5.02	4.61	4.32	4.11	3.94	3.81	3.70	3.54	3.36	3.18	3.08	2.98	2.88	2.77	2.66	2.55
23	9.63	6.73	5.58	4.95	4.54	4.26	4.05	3.88	3.75	3.64	3.47	3.30	3.12	3.02	2.92	2.82	2.71	2.60	2.48
24	9.55	6.66	5.52	4.89	4.49	4.20	3.99	3.83	3.69	3.59	3.42	3.25	3.06	2.97	2.87	2.77	2.66	2.55	2.43

续表

n_2	n_1															
	1	2	3	4	5	6	7	8	9	10	12	15	20	24	30	40	60	120	∞
25	9.48	6.60	5.46	4.84	4.43	4.15	3.94	3.78	3.64	3.54	3.37	3.20	3.01	2.92	2.82	2.72	2.61	2.50	2.38
26	9.41	6.54	5.41	4.79	4.38	4.10	3.89	3.73	3.60	3.49	3.33	3.15	2.97	2.87	2.77	2.67	2.56	2.45	2.33
27	9.34	6.49	5.36	4.74	4.34	4.06	3.85	3.69	3.56	3.45	3.28	3.11	2.93	2.83	2.73	2.63	2.52	2.41	2.29
28	9.28	6.44	5.32	4.70	4.30	4.02	3.81	3.65	3.52	3.41	3.25	3.07	2.89	2.79	2.69	2.59	2.48	2.37	2.25
29	9.23	6.40	5.28	4.66	4.26	3.98	3.77	3.61	3.48	3.38	3.21	3.04	2.86	2.76	2.66	2.56	2.45	2.33	2.21
30	9.18	6.35	5.24	4.62	4.23	3.95	3.74	3.58	3.45	3.34	3.18	3.01	2.82	2.73	2.63	2.52	2.42	2.30	2.18
40	8.83	6.07	4.98	4.37	3.99	3.71	3.51	3.35	3.22	3.12	2.95	2.78	2.60	2.50	2.40	2.30	2.18	2.06	1.93
60	8.49	5.79	4.73	4.14	3.76	3.49	3.29	3.13	3.01	2.90	2.74	2.57	2.39	2.29	2.19	2.08	1.96	1.83	1.69
120	8.18	5.54	4.50	3.92	3.55	3.28	3.09	2.93	2.81	2.71	2.54	2.37	2.19	2.09	1.98	1.87	1.75	1.61	1.43
∞	7.88	5.30	4.28	3.72	3.35	3.09	2.90	2.74	2.62	2.52	2.36	2.19	2.00	1.90	1.79	1.67	1.53	1.36	1.00

续表

$\alpha = 0.001$

n_2	n_1																		
	1	2	3	4	5	6	7	8	9	10	12	15	20	24	30	40	60	120	∞
1	4 053†	5 000†	5 404†	5 625†	5 764†	5 859†	5 929†	5 981†	6 023†	6 056†	6 107†	6 158†	6 209†	6 235†	6 261†	6 287†	6 313†	6 340†	6 366†
2	998.5	999.0	999.2	999.2	999.3	999.3	999.4	999.4	999.4	999.4	999.4	999.4	999.4	999.5	999.5	999.5	999.5	999.5	999.5
3	167.0	148.5	141.1	137.1	134.6	132.8	131.6	130.6	129.9	129.2	128.3	127.4	126.4	125.9	125.4	125.0	124.5	124.0	123.5
4	74.14	61.25	56.18	53.44	51.71	50.53	49.66	49.00	48.47	48.05	47.41	46.76	46.10	45.77	45.43	45.09	44.75	44.40	44.05
5	47.18	37.12	33.20	31.09	29.75	28.84	29.16	27.64	27.24	26.92	26.42	25.91	25.39	25.14	24.87	24.06	24.33	24.06	23.79
6	35.51	27.00	23.70	21.92	20.81	20.03	19.46	19.03	18.69	18.41	17.99	17.56	17.12	16.89	16.67	16.44	16.21	15.99	15.57
7	29.25	21.69	18.77	17.19	16.21	15.52	15.02	14.63	14.33	14.08	13.71	13.32	12.93	12.73	12.53	12.33	12.12	11.91	11.70
8	25.42	18.49	15.83	14.39	13.49	12.86	12.40	12.04	11.77	11.54	11.19	10.84	10.48	10.30	10.11	9.92	9.73	9.53	9.33
9	22.86	16.39	13.90	12.56	11.7	11.13	10.70	10.37	10.11	9.89	9.57	9.24	8.90	8.72	8.55	8.37	8.19	8.00	7.81
10	21.04	14.91	12.55	11.28	10.48	9.92	9.52	9.20	8.96	8.75	8.45	8.13	7.80	7.64	7.47	7.30	7.12	6.94	6.76
11	19.69	13.81	11.56	10.35	9.58	9.05	8.66	8.35	8.12	7.92	7.63	7.32	7.01	6.85	6.68	6.52	6.35	6.17	6.00
12	18.64	12.97	10.80	9.63	8.89	8.38	8.00	7.71	7.48	7.29	7.00	6.71	6.40	6.25	6.09	5.93	5.76	5.59	5.42
13	17.81	12.31	10.21	9.07	8.35	7.86	7.49	7.21	6.98	6.80	6.52	6.23	5.93	5.78	5.63	5.47	5.30	5.14	4.97
14	17.14	11.78	9.73	8.62	7.92	7.43	7.08	6.80	6.58	6.40	6.13	5.85	5.56	5.41	5.25	5.10	4.94	4.77	4.60
15	16.59	11.34	9.34	8.25	7.57	7.09	6.74	6.47	6.26	6.08	5.81	5.54	5.25	5.10	4.95	4.80	4.64	4.47	4.31
16	16.12	10.97	9.00	7.94	7.27	6.81	6.46	6.19	5.98	5.81	5.55	5.27	4.99	4.85	4.70	4.54	4.39	4.23	4.06
17	15.72	10.66	8.73	7.68	7.02	6.56	6.22	5.96	5.75	5.58	5.32	5.05	4.78	4.63	4.48	4.33	4.18	4.02	3.85
18	15.38	10.39	8.49	7.46	6.81	6.35	6.02	5.76	5.56	5.39	5.13	4.87	4.59	4.45	4.30	4.15	4.00	3.84	3.67
19	15.08	10.16	8.28	7.26	6.62	6.18	5.85	5.59	5.39	5.22	4.97	4.70	4.43	4.29	4.14	3.99	3.84	3.68	3.51
20	14.82	9.95	8.10	7.10	6.46	6.02	5.69	5.44	5.24	5.08	4.82	4.56	4.29	4.15	4.00	3.86	3.70	3.54	3.38
21	14.59	9.77	7.94	6.95	6.32	5.88	5.56	5.31	5.11	4.95	4.70	4.44	4.17	4.03	3.88	3.74	3.58	3.42	3.26
22	14.38	9.61	7.80	6.81	6.19	5.76	5.44	5.19	4.99	4.83	4.58	4.33	4.06	3.92	3.78	3.63	3.48	3.32	3.15
23	14.19	9.47	7.67	6.69	6.08	5.65	5.33	5.09	4.89	4.73	4.48	4.23	3.96	3.82	3.68	3.53	3.38	3.22	3.05
24	14.03	9.34	7.55	6.59	5.98	5.55	5.23	4.99	4.80	4.64	4.39	4.14	3.87	3.74	3.59	3.45	3.29	3.14	2.97

注：†表示要将所列数乘以100。

续表

n_2	n_1																
	1	2	3	4	5	6	7	8	9	10	12	15	20	24	30	40	60	120	∞
25	13.88	9.22	7.45	6.49	5.88	5.46	5.15	4.91	4.71	4.56	4.31	4.06	3.79	3.66	3.52	3.37	3.22	3.06	2.89
26	13.74	9.12	7.36	6.41	5.80	5.38	5.07	4.83	4.64	4.48	4.24	3.99	3.72	3.59	3.44	3.30	3.15	2.99	2.82
27	13.61	9.02	7.27	6.33	5.73	5.31	5.00	4.76	4.57	4.41	4.17	3.92	3.66	3.52	3.38	3.23	3.08	2.92	2.75
28	13.50	8.93	7.19	6.25	5.66	5.24	4.93	4.69	4.50	4.35	4.11	3.86	3.60	3.46	3.32	3.18	3.02	2.86	2.69
29	13.39	8.85	7.12	6.19	5.59	5.18	4.87	4.64	4.45	4.29	4.05	3.80	3.54	3.41	3.27	3.12	2.97	2.81	2.64
30	13.29	8.77	7.05	6.12	5.53	5.12	4.82	4.58	4.39	4.24	4.00	3.75	3.49	3.36	3.22	3.07	2.92	2.76	2.59
40	12.61	8.25	6.60	5.70	5.13	4.73	4.44	4.21	4.02	3.87	3.64	3.40	3.15	3.01	2.87	2.73	2.57	2.41	2.23
60	11.97	7.76	6.17	5.31	4.76	4.37	4.09	3.87	3.69	3.54	3.31	3.08	2.83	2.69	2.55	2.41	2.25	2.08	1.89
120	11.38	7.32	5.79	4.95	4.42	4.04	3.77	3.55	3.38	3.24	3.02	2.78	2.53	2.40	2.26	2.11	1.95	1.76	1.54
∞	10.83	6.91	5.42	4.62	4.10	3.74	3.47	3.27	3.10	2.96	2.74	2.51	2.27	2.13	1.99	1.84	1.66	1.45	1.00

附表6 相关系数检验表

$n-2$	$\alpha=0.05$	$\alpha=0.01$	$n-2$	$\alpha=0.05$	$\alpha=0.01$
1	0.997	1.000	21	0.413	0.526
2	0.950	0.990	22	0.404	0.515
3	0.878	0.959	23	0.396	0.505
4	0.811	0.917	24	0.388	0.496
5	0.754	0.874	25	0.381	0.487
6	0.707	0.834	26	0.374	0.478
7	0.666	0.798	27	0.367	0.470
8	0.632	0.765	28	0.361	0.463
9	0.602	0.735	29	0.355	0.456
10	0.576	0.708	30	0.349	0.449
11	0.553	0.684	35	0.325	0.418
12	0.532	0.661	40	0.304	0.393
13	0.514	0.641	45	0.288	0.372
14	0.497	0.623	50	0.273	0.354
15	0.482	0.606	60	0.250	0.325
16	0.468	0.590	70	0.232	0.302
17	0.456	0.575	80	0.217	0.283
18	0.444	0.561	90	0.205	0.267
19	0.433	0.549	100	0.195	0.254
20	0.423	0.537			

习题参考答案

习 题 一

1. (1) $\{(i,j,k) \mid i,j,k=1,2,\cdots,6\}$;   (2) $\{红,白\}$;
   (3) $\{0,1,2,\cdots\}$;   (4) $\{d \mid 0 \leqslant d \leqslant 2\}$;
   (5) $\{(x,y) \mid x,y > 0, x+y = l\}$.

2. (1) $A_1\overline{A}_2\overline{A}_3$;
   (2) $(A_1\overline{A}_2\overline{A}_3) \cup (\overline{A}_1A_2\overline{A}_3) \cup (\overline{A}_1\overline{A}_2A_3)$;
   (3) $A_1 \cup A_2 \cup A_3$;
   (4) $(A_1\overline{A}_2\overline{A}_3) \cup (\overline{A}_1A_2\overline{A}_3) \cup (\overline{A}_1\overline{A}_2A_3) \cup (\overline{A}_1\overline{A}_2\overline{A}_3)$;
   (5) $A_1 \cup A_3$.

3. (1) 0.3;   (2) 0.1;   (3) 0.6;   (4) 0.8.

4. 0.25.

5. $\dfrac{77}{240}$.

6. $\dfrac{13^4}{C_{52}^4}$.

7. (1) $\dfrac{C_M^m C_{N-M}^{n-m}}{C_N^n}$;   (2) $\dfrac{C_M^m C_{N-M}^{n-m}}{C_N^n}$;   (3) $C_n^m \left(\dfrac{M}{N}\right)^m \left(1-\dfrac{M}{N}\right)^{n-m}$.

8. $\dfrac{C_6^3 C_4^2}{C_{10}^5}$.

9. $\dfrac{C_4^1 A_9^2}{A_{10}^3}$.

10. $\dfrac{A_{11}^5}{11^5}$.

11. (1) $\dfrac{1}{7^5}$;   (2) $\left(\dfrac{6}{7}\right)^5$;   (3) $1-\dfrac{1}{7^5}$.

12. $\dfrac{1}{4}$.

13. (1) 63.15%;   (2) 8.19%;   (3) 16.38%;   (4) 56.59%.

14. 0.104.

15. (1) 0.7;   (2) $\dfrac{1}{7}$.

16. (1) $\dfrac{17}{20}$;   (2) $\dfrac{9}{34}$.

17. $\dfrac{20}{21}$.

18. 0.458.

19. $\dfrac{1}{3}$.

20. 略.

习 题 二

1. $\dfrac{8}{7}$.

2. $e^{-\lambda}$.

3. 0.820 2.

4. 0.036 1.

5. (1) 1;   (2) $F(x)=\begin{cases}0, & x<0,\\ \dfrac{1}{2}(x^2+x), & 0\leqslant x<1,\\ 1, & x\geqslant 1;\end{cases}$

   (3) $\dfrac{7}{32}$.

6. (1) $1-e^{-1.2}$;   (2) $e^{-1.6}$;   (3) $e^{-1.2}-e^{-1.6}$;
   (4) 0;   (5) $1-e^{-1.2}+e^{-1.6}$.

7. (1) $P\{Y=k\}=C_5^k e^{-2k}(1-e^{-2})^{5-k}\ (k=0,1,2,3,4,5)$;
   (2) $1-(1-e^{-2})^5$.

8. (1) 3;   (2) 2.

9. $\dfrac{19}{27}$.

10. 0.682 6.

11. (1) $f_Y(y)=\begin{cases}\dfrac{2}{3}\left(1-\dfrac{y}{3}\right), & 0<y<3,\\ 0, & 其他;\end{cases}$ (2) $f_Y(y)=\begin{cases}2(y-2), & 2<y<3,\\ 0, & 其他;\end{cases}$

    (3) $f_Y(y)=\begin{cases}\dfrac{1}{\sqrt{y}}-1, & 0<y<1,\\ 0, & 其他.\end{cases}$

12. $f_Y(y)=\dfrac{2e^y}{\pi(e^{2y}+1)}\ (-\infty<y<+\infty)$.

13. $f_Y(y)=\begin{cases}\dfrac{1}{4\sqrt{y}}, & 0\leqslant y<4,\\ 0, & 其他.\end{cases}$

习 题 三

1. (1)

Y \ X	0	1	2	3
0	0	0	$\frac{3}{35}$	$\frac{2}{35}$
1	0	$\frac{6}{35}$	$\frac{12}{35}$	$\frac{2}{35}$
2	$\frac{1}{35}$	$\frac{6}{35}$	$\frac{3}{35}$	0

(2) $P\{X>Y\}=\frac{19}{35}, P\{Y=2X\}=\frac{6}{35}, P\{X+Y=3\}=\frac{4}{7}, P\{X<3-Y\}=\frac{2}{7}.$

2. (1) $\frac{1}{8}$;

(2) $P\{X<1, Y<3\}=\frac{3}{8}, P\{X<1.5\}=\frac{27}{32}, P\{X+Y\leqslant 4\}=\frac{2}{3}.$

3. (1) $F_X(x)=\begin{cases}1-e^{-x}, & x>0, \\ 0, & x\leqslant 0,\end{cases} F_Y(y)=\begin{cases}1-e^{-y}, & y>0, \\ 0, & y\leqslant 0;\end{cases}$

(2) $f(x,y)=\begin{cases}e^{-(x+y)}, & x>0, y>0, \\ 0, & 其他;\end{cases}$

(3) $f_X(x)=\begin{cases}e^{-x}, & x>0, \\ 0, & x\leqslant 0,\end{cases} f_Y(y)=\begin{cases}e^{-y}, & y>0, \\ 0, & y\leqslant 0;\end{cases}$

(4) X 与 Y 相互独立.

4. (1) $f_Y(y)=\begin{cases}\frac{1}{3}\left(1+\frac{y}{2}\right), & 0<y<2, \\ 0, & 其他;\end{cases}$ (2) $\frac{7}{24}.$

5. $f_X(x)=\begin{cases}e^{-x}, & x>0, \\ 0, & x\leqslant 0,\end{cases} f_Y(y)=\begin{cases}ye^{-y}, & y>0, \\ 0, & y\leqslant 0.\end{cases}$

6. (1) $\frac{21}{4}$;

(2) $f_X(x)=\begin{cases}\frac{21}{8}x^2(1-x^4), & -1\leqslant x\leqslant 1, \\ 0, & 其他,\end{cases} f_Y(y)=\begin{cases}\frac{7}{2}y^{\frac{5}{2}}, & 0\leqslant y\leqslant 1, \\ 0, & 其他.\end{cases}$

7. (1) $f_X(x)=\begin{cases}2x, & 0\leqslant x\leqslant 1, \\ 0, & 其他,\end{cases} f_Y(y)=\begin{cases}2(1-y), & 0\leqslant y\leqslant 1, \\ 0, & 其他;\end{cases}$

(2) $\frac{1}{4}.$

8. $\alpha=\frac{2}{9}, \beta=\frac{1}{9}.$

9. (1) $f(x,y)=\begin{cases}\dfrac{1}{2}e^{-\frac{y}{2}}, & 0<x<1, y>0,\\ 0, & 其他;\end{cases}$ (2) 0.144 5.

10. (1) $\dfrac{1}{1-e^{-1}}$;

(2) $f_X(x)=\begin{cases}\dfrac{e^{-x}}{1-e^{-1}}, & 0<x<1,\\ 0, & 其他,\end{cases}$ $f_Y(y)=\begin{cases}e^{-y}, & y>0,\\ 0, & 其他;\end{cases}$

(3) $F_U(u)=\begin{cases}0, & u<0,\\ \dfrac{(1-e^{-u})^2}{1-e^{-1}}, & 0\leqslant u<1,\\ 1-e^{-u}, & u\geqslant 1.\end{cases}$

11. (1)

Y	-1	0	2
$P\{Y=y_j\mid X=0\}$	$\dfrac{1}{6}$	$\dfrac{1}{3}$	$\dfrac{1}{2}$

(2)

X	0	1
$P\{X=x_i\mid Y=-1\}$	$\dfrac{1}{6}$	$\dfrac{5}{6}$

12. (1) 当 $0\leqslant y\leqslant 2$ 时,$f_{X|Y}(x\mid y)=\begin{cases}\dfrac{6x^2+2xy}{2+y}, & 0\leqslant x\leqslant 1,\\ 0, & 其他;\end{cases}$

(2) 当 $0\leqslant x\leqslant 1$ 时,$f_{Y|X}(y\mid x)=\begin{cases}\dfrac{3x+y}{6x+2}, & 0\leqslant y\leqslant 2,\\ 0, & 其他;\end{cases}$

(3) $\dfrac{7}{40}$.

习 题 四

1. (1) -0.2; (2) 13.4.

2. 44.64 分.

3. 0.

4. $(400e^{-\frac{1}{4}}-300)$ 元.

5. $\dfrac{\pi}{12}(a^2+ab+b^2)$.

6. 0.7, 0.6, 0.24, -0.02.

7. 4.

8. $\dfrac{2R}{3}$.

9. $\dfrac{11}{36}$.

10. (1) 5,9;   (2) $f_Z(z) = \dfrac{1}{3\sqrt{2\pi}} e^{-\dfrac{(z-5)^2}{18}}$.

11. 略.

12. 85,37.

13. (1) 0;   (2) 0.

14. $-\dfrac{1}{9}$.

15. (1) $\dfrac{1}{3}$,3;   (2) 0.

16. 相互独立,不相关.

17. 略.

习 题 五

1. $\dfrac{8}{9}$.

2. $P\{260 < Y < 340\} \geqslant \dfrac{13}{16}$.

3. $P\{10 < X < 18\} \geqslant 0.271$.

4. (1) 0.894 4;   (2) 0.137 9.

5. 0.999 95.

6. (1) 0.5;   (2) 0.000 1.

7. 1 050 个.

习 题 六

1. 0.045 6.

2. (1) 0.991 6;   (2) 97.

3. (1) $\mu, \dfrac{\sigma^2}{n}, \sigma^2$;   (2) $\lambda, \dfrac{\lambda}{n}, \lambda$;

 (3) $p, \dfrac{p(1-p)}{n}, p(1-p)$; (4) $\dfrac{1}{\lambda}, \dfrac{1}{n\lambda^2}, \dfrac{1}{\lambda^2}$.

4. $F(10,5)$.

5. 20.483, 2.178 8, −2.178 8, 10.29, 0.14.

6. 26.105.

7. 略.

习 题 七

1. $\dfrac{\overline{X}}{m}$.

2. $2\overline{X}-1$.

3. $\dfrac{2\overline{X}-1}{1-\overline{X}}, -\left(1+\dfrac{n}{\sum\limits_{i=1}^{n}\ln X_i}\right)$.

4. $\dfrac{1}{2n}\sum\limits_{i=1}^{n}X_i^2$.

5. $\min\{x_1,x_2,\cdots,x_n\}$.

6. $0.32,0.4$.

7. $\dfrac{-1}{n}\sum\limits_{i=1}^{n}\ln X_i$,是无偏估计量.

8. 略.

9. $(-2.565,3.315)$.

10. $(7.4,21.1)$.

11. 62.

习 题 八

1. 无显著差异.
2. 能.
3. (1) 不能；   (2) 能.
4. 可以.
5. 无显著差异.
6. 无显著差异.
7. 符合.

习 题 九

1. (1) $\hat{y}=11.4609+2.6214x$；   (2) 回归方程显著.
2. (1) $\hat{y}=36.5891+0.4565x$；   (2) 线性相关关系显著；
   (3) $(67.5899,69.4983)$.
3. 在显著性水平 $\alpha=0.05$ 下可认为 4 种工艺有显著差异,而在显著性水平 $\alpha=0.01$ 下可认为 4 种工艺无显著差异.

参 考 文 献

[1] 盛骤,谢式千,潘承毅.概率论与数理统计[M].5版.北京:高等教育出版社,2019.
[2] 沈恒范.概率论与数理统计教程[M].严钦容,沈侠,修订.6版.北京:高等教育出版社,2017.
[3] 朱开永,王升瑞,李媛.概率论与数理统计[M].上海:同济大学出版社,2013.
[4] 孙道德.概率论与数理统计学习与应用[M].北京:中国人民大学出版社,2023.
[5] 项立群,汪晓云,张伟,等.概率论与数理统计[M].2版.北京:北京大学出版社,2022.
[6] 车荣强.概率论与数理统计[M].2版.上海:复旦大学出版社,2012.
[7] 韩旭里,谢永钦.概率论与数理统计[M].北京:北京大学出版社,2018.
[8] 陕西科技大学大学数学教研室.概率论与数理统计[M].北京:北京大学出版社,2020.
[9] 肖筱南,茹世才,欧阳克智,等.新编概率论与数理统计[M].2版.北京:北京大学出版社,2013.